胡景初　柳翰　袁进东　编著

中外家具史画

化学工业出版社

· 北京 ·

内容提要

本书将浩瀚的家具设计史按时间线划分为古代家具、3世纪至15世纪家具、15世纪至18世纪家具、19世纪家具、20世纪家具五大板块，并进一步细分为33个时空板块，分别对其社会背景、经济状况、产品类别、风格以及工艺技术等内容进行了简单扼要的归纳总结。在尽可能均衡的前提下，精选和绘制了经典作品300余幅，并对每幅作品的年代、作者、形制、功能和风格特征进行简单介绍。

本书采用中国传统水墨画的艺术形式予以表达，既是人类生活文化和人类文明进化史的通俗读物，又可供各类大中专院校设计类专业学生学习参考。

图书在版编目（CIP）数据

中外家具史画 / 胡景初，柳翰，袁进东编著.—北京：化学工业出版社，2020.5
ISBN 978-7-122-36260-5

Ⅰ.①中… Ⅱ.①胡… ②柳… ③袁… Ⅲ.① 家具-历史-世界-图集 Ⅳ.①TS664-091

中国版本图书馆CIP数据核字（2020）第030471号

责任编辑：王　斌　吕梦瑶　　　　　　　　装帧设计：韩　飞
责任校对：刘　颖

出版发行：化学工业出版社（北京市东城区青年湖南街13号　邮政编码100011）
印　　装：北京宝隆世纪印刷有限公司
880mm×1230mm　1/32　印张12　字数290千字　2020年7月北京第1版第1次印刷

购书咨询：010-64518888　　　　　　　　售后服务：010-64518899
网　　址：http://www.cip.com.cn
凡购买本书，如有缺损质量问题，本社销售中心负责调换。

定　　价：88.00元

前言

　　家具是人类生存和发展中最常见、最普遍使用的一类器具。家具是生活方式的道具和人类文明的载体。家具与人类文明同行，一部家具发展史也是人类文明的进化史。

　　在早期，我们的先人从穴居开始就习惯了坐在石块和木桩上，或者睡在草堆和高出地面的平台上，以免沾染湿气和方便起坐，从而获得有效的休息。

　　当坐卧成为一种有意识的行为时，就意味着人类已拉开了与动物的距离并具有了人类所特有的行为方式，同时也拥有了人的尊严。考古学家在南非的一个山洞里发现了7.7万年前古人用干草和树叶铺垫的床，这就是有力的证据。

　　无论是东方还是西方，家具都经历了从无到有，从单一到多样，从粗野到精致，从简单到繁复的漫长发展过程。同时也取得了从礼仪到实用，从实用到高雅，从不舒适到舒适的功能进化。

　　东西方家具发展历程中唯一不同的是西方家具体系以古埃及为起点，最早的椅凳都是高座型。随后，欧洲继承了古埃及的家具文明，并将其传播到全世界。而东方家具是以古代中国为起点，自殷商以来就开始了席地而坐的起居方式，东方的日本、印度、韩国、泰国、朝鲜等国莫不如此。因此，东方家具是低矮型的。自东汉以来，西域的胡床传入了中原地区，才开始了高型坐具的有限使用。在经历了漫长的渐进式的生活方式的演化，直到唐代中国才开始使用椅子，宋元时期各种高型坐具得以完善，且得到普遍使用，实现了由席地而坐到垂足而坐的生活方式的转型。也正是在高型坐具普及之后，才创造了明清家具的辉煌，并使东西方两大家具体系进入到形制大体相同的家具世界。

　　由于地理位置和自然条件的差异，以及社会发展阶段、宗教信仰、生活习俗、审美情趣的不同，因而在不同国家、不同地域、不同时期家具的功能和形式也表现出不同的特色，创造了一个千姿百态、丰富多彩的家具世界。或简约或繁复、或粗犷或精致、或素雅或奢华。本书的宗旨就是对从远古到现代，从东方到西方的不同时空曾经有过的家具进行搜索与遴选，并对关键时期的主要国家和地区的具有代表性的典型作品进行描绘和推介，让广大读者对家具这一物质文明的载体和人类居室文化的进展有一个系统、清晰的了解和认知。

　　本书将时段划分为古代、3 世纪至 15 世纪、15 世纪至 18 世纪、19 世纪、20 世纪这 5 个时期。古代主要介绍了西方家具源头的古埃及、古希腊、古罗马家具；而同时期的中国就介绍了商周、春秋战国以及秦汉时期的家具。3 世纪至 15 世纪是欧洲历史中的中世纪，同时也是西方历史的黑暗时期和家具的贫乏期，主要介绍了拜占廷式、仿罗马式以及哥特式家具；而该时期的中国则是魏晋南北朝、隋唐五代以及宋元时期的家具。15 世纪至 18 世纪是西方家具的黄金时期，以艺术风格为纲，主要介绍了意大利文艺复兴式，以法国为首的巴洛克式、洛可可式，以及新古典主义家具；而同时期的中国也是传统家具发展的顶峰期，主要介绍了明式家具与清式家具。19 世纪是家具从古典走向现代的转型期，西方家具主要介绍了英国维多利亚时期的家具，工艺美术运动及其家具，以及新艺术运动及其家具；而中国这一时期的家具则表现为中西交融的广式家具。20 世纪是现代家具的萌芽和发展时期，西方家具主要介绍了早期的曲木家具，欧洲的装饰艺术运动及其家具，德国包豪斯现代主义设计运动及其家具，以及美国、意大利、日本与北欧等国家和区域的现代家具；而 20 世纪的中国则介绍了海派家具、民国家具、始于 20 世纪后期且延续至今的新中式家具，以及走向多元化的现代家具。

本书将上述浩瀚的家具世界划分为 33 个时空板块，分别对其社会背景、经济状况、产品类别、风格，以及工艺技术等内容进行了简单扼要的归纳总结，这部分的任务由柳翰撰写完成。在尽可能均衡的前提下，精选和绘制了典型案例与经典作品 300 余幅，这部分工作由胡景初完成。图片的后期处理，并对每幅作品的年代、作者、形制、功能和风格特征撰文说明的工作由袁进东负责完成。

本书既可以作为世界家具发展史的重要史料，特别是中国古代家具史料，更是首次与西方家具同台竞秀。本书亦可归于人类生活文化和人类文明进化史的通俗读物。本书图片采用中国传统水墨画的艺术形式予以表达，也可以供大专院校学生学习设计表现手法。书中用较大篇幅充实了中国传统家具的案例，强化了中国家具在世界家具发展史上的地位和作用。不妥之处敬请广大读者和同行专家不吝指正。

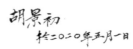

目 录

两大家具体系的同台展示

第一章

　　家具史是一个与材料、气候、地理、科技、历史、商业，以及社会状况和文化交流密切相关的持久发展与变化的过程。每一种新的风格的形成都不容置疑地反映了各自的自然条件与历史文化背景。方海先生明确提出世界上存在着两大家具体系：一个是早为人知的以古埃及、古希腊家具为源头的欧洲（或西方）家具体系；另一个完整的家具体系是尚未广为人知的以中国商周时期的家具为源头的中国（或东方）家具体系。欧洲家具体系经历了古埃及家具—古希腊家具—古罗马家具—中世纪家具—文艺复兴时期的家具—浪漫主义时期的家具—新古典主义家具—过渡时期的家具—现代家具的发展历程，这其中也包括北欧家具和北美家具。中国家具体系则经历了商周时期的家具—春秋战国时期的家具—秦汉时期的家具—魏晋南北朝时期的家具—隋唐五代时期的家具—宋元时期的家具—明式家具—清式家具—海派家具—民国家具—现代家具的发展历程。世界两大家具体系发展概况可参见后图。

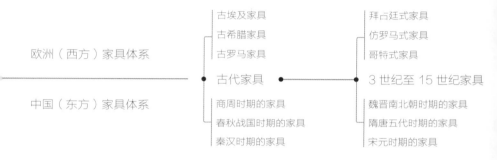

中国家具体系不仅是与欧洲家具体系平行并独自发展的家具体系,而且对西方现代家具的发展做出了独一无二的贡献。当然,中国家具体系的形成和发展也受到了西亚高型坐具与欧洲装饰风格的影响。

不难看出上述两大家具体系都是原创的,都有着各自独立、完整的发展过程,而且都符合现代生活标准,都对现代家具的发展产生过巨大的影响。方海先生认为印度、非洲、伊斯兰国家、南美洲也有自己的家具,但它们都不能被称为"体系",只能称之为各具特色的民族风格家具。而日本、韩国以及东南亚家具则是受中国家具影响而形成和发展的,应归属于中国(东方)家具体系。

中西家具文化各具特色,其相互间的差异较为明显。西方文化具有开放性,它积极吸纳许多异质文化成分,而中国文化较为封闭,具有自足性。西方家具产生的历史渊源比中国久远,其品类、功能、形态、制作方法等方面在古埃及时期就已基本成熟,后世的不同时期,只是在形式、装饰以及功能方面根据需求的变化而与时俱进。中国

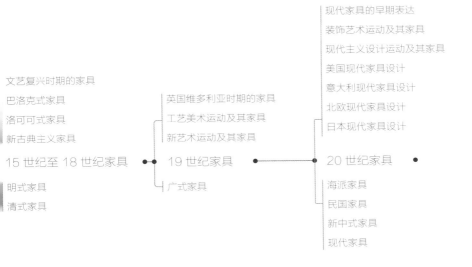

文艺复兴时期的家具
巴洛克式家具
洛可可式家具
新古典主义家具
15 世纪至 18 世纪家具
明式家具
清式家具

英国维多利亚时期的家具
工艺美术运动及其家具
新艺术运动及其家具
19 世纪家具
广式家具

现代家具的早期表达
装饰艺术运动及其家具
现代主义设计运动及其家具
美国现代家具设计
意大利现代家具设计
北欧现代家具设计
日本现代家具设计
20 世纪家具
海派家具
民国家具
新中式家具
现代家具

家具是在相对封闭的环境中，随着起居方式的变化和建筑室内空间的发展而逐步地由席地而坐向垂足而坐，由低级向高级渐进式演变。高型坐具的出现和推广普及是在与西域民族的融汇交往中逐步实现的。中国传统家具装饰题材较注重人伦内涵和人文精神，早期的家具更是"礼"的载体，而西方家具则较注重艺术品位和大众的价值取向。中国家具艺术的美学思想是注意"文"和"质"的统一与互补，追求的是"意境"与"情韵"，而西方家具艺术追求的是形式美与视觉效果。

中国家具的发展过程相对缓慢，合乎渐进式的发展模式，西方家具的发展则相对激烈，是跳跃式的发展，这既有社会制度与环境的制约，也是民族性格使然。

中西方家具发展的共同规律是两者都是以满足功能需求为目标，技术的进步都与当时的物质生产水平相一致，而艺术形式也都是在不断地创新中随时代的进步而发展。

本书在空间上按照中西两大家具体系的发展历程展开平行并列的描绘，并按照相同时段内各自的发展状态，对从古到今，从原始到现代的全过程加以记录。本书以精炼的文字和大量的图例对家具进行研究，意在探索中西家具在大时空内各自的成就与亮点，并以通俗直观的形式予以表达，以家具为载体帮助广大读者较快地了解人类生活方式的变化和家居文化的进程。

古代家具

第二章

古代世界最早的国家出现在北非和西亚，大约从公元前500年开始的1000余年，古埃及就开始了文明的征程。公元前3100年古埃及建立了统一的国家，古王国时期（公元前2686年至公元前2181年）确立了强大而统一的中央集权王国。到了公元前16世纪的新王朝时期，通过军事征服，王国的版图拓展到了西亚的两河流域，成就了古埃及文明，并将其传播到西亚，并影响到后来的欧洲。

与此同时，中国早在公元前4500年至公元前3000年就创造了红山文化，公元前21世纪，禹的儿子启在中原地区建立了夏王朝（公元前2070年至公元前1600年），这是中国历史上第一个以国王为最高统治者的王朝。直至公元前221年的秦朝，才开辟了中国历史上第一个中央集权君主专政的封建王朝。

　　由于历史进程的缘故，埃及家具的使用早于中国，或者说西方家具体系的形成早
于中国，但早在 7000 年前的中国（浙江余姚河姆渡遗址）就拥有了完美的榫卯结构和
彩漆技术，只是由于自然环境条件的差异，曾经拥有的家具不曾留下痕迹。所以中国
和埃及分别代表了东方和西方在不同的历史背景和环境条件下开始的人类生存方式和
对家具原型的探索。

　　世界上最早的椅子出现在古埃及并远早于中国也是不争的事实，或许这是由于中
国早期席地而坐的习俗制约了椅子的问世。

　　古代时期的西方家具体系还包括古希腊家具和古罗马家具，而同时段的中国家具
应包括商周时期的家具、春秋战国时期的家具以及秦汉时期的家具。

古埃及家具

第一节

始于公元前 3100 年的古埃及王国，开创了国家权力空前加强和王室专制主义时代，加之尼罗河流域极为肥沃的土地，古王国呈现一派和平繁荣的景象。古埃及在科学和艺术方面也取得了辉煌的成就，社会经济生活丰富多彩，千古不朽的金字塔便是世界七大奇迹之一。

古埃及的奴隶制度出现了体力劳动和脑力劳动的分工，出现了专业的建筑工和以制作木器为主的手工业者，从而促进了家具业的发展。

由于古埃及人相信人死后仍有生命，因此要求在坟墓中放置在世时所用过的物品，以便在死后使用，又由于地处气候干燥的沙漠地带，使得这些家具在坟墓中得以完好地保存，为世界家具史留下了极其珍贵的实物样品。

古埃及家具中的凳子是最早的坐具，从国王到普通公民都使用，除了方凳还有便于携带的折叠凳。

椅子是社会地位的符号，因为它专供贵族和权贵所使用，直至第十八王朝（公元前1580年至公元前1314年）普通民众才开始使用椅子。开始时椅背是直的，经过漫长的演变才出现了后倾的靠背，再后来又出现了扶手，除了使用功能外也加固了靠背的结构强度。

古埃及家具还有桌、箱、床等。

古埃及家具充分表现了古埃及人民的生活方式和习俗，为后来的西方家具发展奠定了坚实的基础。

古埃及三角凳

【作品时间】公元前 3150 年至公元前 2680 年

出土于古埃及早王朝时期阿拜多斯古墓的三角凳，可能是用树枝加工而成的坐具。（图片参考《图解经典名椅》）

图坦卡门法老王的宝座

【作品时间】公元前 1355 年至公元前 1342 年

其形制与现代椅子基本相同。椅背表面绘有图坦卡门法老王日常生活的场景，并镶嵌有彩色玻璃、方解石以及金箔贴饰等装饰物。

古埃及狮型座凳

【作品时间】约公元前 600 年

凳子两侧呈狮身形貌，造型独特，影响了后来的古希腊家具风格。凳面由皮绳编织而成，权贵们使用时往往还会铺上坐垫。（图片参考《西洋家具的发展》）

古埃及法老椅

【作品时间】公元前 1355 年至公元前 1342 年

一般认为该椅为图坦卡门法老王于神殿祭祀时所用的座椅。其尺度较大，颇有张扬之感，由 X 形椅脚与豪华椅背结合而成。椅脚端为鸭头造型。黑檀木表面镶嵌了象牙、彩色玻璃等装饰材料。（图片参考《家具里的中国》）

X 状折叠凳

【作品时间】公元前 3150 年至公元前 2680 年

出土于图坦卡门法老王的陵墓，凳脚端部呈鸭嘴状，凳面则是利用豹子皮加工而成，脚架为黑檀木，并有镶嵌装饰。（图片参考《西方家具集成》）

海特菲莉斯皇后座椅

【作品时间】公元前 2613 年至公元前 2494 年

该椅出现于约 4500 年前的古埃及第四王朝，椅座与椅背周边贴有金箔，扶手框架内装有呈捆绑状的三枝带有花苞的莎草茎装饰。（图片参考《西方家具集成》）

新王朝时期的木椅

【作品时间】公元前 1400 年至公元前 1300 年

椅背倾斜，后有垂直木条共同构成三角形结构，使椅背更加牢固。椅座为编织结构，使坐感更舒适。

（图片参考《图解经典名椅》）

古埃及皮椅凳

【作品时间】公元前 16 世纪至公元前 14 世纪

古埃及第十八王朝时期的皮面凳，凳面覆盖皮革。座面支撑的木框结构由旋制木加工而成，端部镶嵌象牙，显得相当精美。（图片参考《图解经典名椅》）

古埃及长榻

【作品时间】约公元前 100 年

出现于 2000 多年前，长榻的兽形腿安装得好像动物正在行走的姿势一样。以平行的方式安排，更显生动活泼。（图片参考《西洋家具的发展》）

古希腊家具

第二节

古希腊文明流行于公元前 500 年至公元前 30 年，古希腊文明的鼎盛时期是公元前 300 年前。

希腊是一个多山的国家，三面临海，爱琴海、地中海和伊奥尼亚海造成了交通的不便和各自为政的城邦文化的盛行，雅典和斯巴达是希腊数百个城邦中最大的城邦。希腊人认为人类是宇宙中最重要的生灵，希腊人的世界观是世俗的，合理性的希腊文明是建立在自由、乐观、现世主义、理性主义的基础之上，这些思想有助于人们对俭朴生活的追求。

古希腊家具有凳子、椅子、床、躺椅、小桌子及衣柜等，但数量并不多。

　　古希腊的椅子有两种基本形态，一种是厚重的宝座，其尺度高大，精工细作，常用在神殿中放置偶像，或作为权贵家中的陈设；另一种是家居生活中的座椅，最典型的是克里斯莫斯椅，其以线形优美、使用舒坦著称，完全是实用的、生活化的。凳子也有两种，一种是方形的直腿凳，另一种是 X 形的折叠凳。希腊的躺椅结合了床和沙发的功能，有头部靠板而没有脚板。

　　古希腊家具适于人类生活的需求，实现了功能与形式完美的统一，造型轻巧、简洁，不过分追求装饰。

　　古希腊家具与古埃及家具一样，是西方古典家具的主要源头。

古希腊克里斯莫斯椅

【作品时间】公元前 500 年至公元前 30 年

该作品根据古希腊陶器画及浮雕复制而成，从椅背到椅脚都呈流畅的曲线，端部呈军刀状，故又称"军刀椅"，是古希腊名椅。（图片参考《西方家具集成》）

古希腊埃尔金宝座

【作品时间】公元前 500 年至公元前 30 年

利用希米图斯山采掘的大理石雕琢而成，椅背与扶手相连，粗犷而稳固，制作年代约为公元前 4
世纪。（图片参考《图解经典名椅》）

古希腊折叠凳

【作品时间】公元前 500 年至公元前 30 年

被广泛应用的折叠凳，凳脚呈 X 形交叉状，椅面为软质皮革或布。其形制源于古埃及，后来又被古罗马所传承。轻便且可折叠，便于携带。（图片参考《西方家具集成》）

古希腊方凳

【作品时间】公元前 500 年至公元前 30 年

方凳由四条垂直的圆木或方木所支撑，座面则用植物纤维或皮绳编织而成。为了追求舒适，有时还会在座面垫上动物的皮毛。贵族和平民均广泛使用。（图片参考《西方家具集成》）

墓碑上的古希腊方凳

【作品时间】约公元前 375 年

墓碑上雕刻了一对夫妻，妻子坐在方凳上，丈夫则站在前面，脚下有踏脚台，说明方凳较高。
（图片参考《西方家具集成》）

古罗马家具

第三节

公元前 500 年左右，古罗马结束了王政时代，代之以共和制。通过战争征服了全部伊特鲁里亚地区后又进一步吞并了意大利南部所有的希腊城市，征服了整个意大利半岛。

意大利半岛三面临海，北有阿尔卑斯山屏障，盛产优质大理石，土地肥沃，适于农业生产，古罗马的经济以农业、航海和贸易为主。

古罗马人比古希腊人更务实，神庙只是他们生活的一部分，古罗马人建造了凯旋门、纪念柱、广场、道路、高架输水道、公共浴场、剧场、角斗场等为生活服务的设施，无一不是直面现实的功利因素，艺术为人而非为神服务是从古罗马开始的。

古罗马家具是直接从古希腊家具发展而来的，后来逐步显现出古罗马奢侈的特征，流传下来的文学作品中提到了对珍贵木材的滥用，并使用金、银、铜、象牙和龟甲等材料进行家具表面镶嵌。最专制、奢华的家具应该是东罗马帝国时期的象牙雕刻宝座。

古罗马的木质家具几乎腐烂无遗，但大理石或青铜制作的家具却大量保存下来，古罗马家具反映了当时豪华的生活方式，但舒适性仍显不足。

古罗马家具品类仍然是宝座、凳、桌、床和碗柜等，但在功能和装饰方面推进了一大步，达到了奴隶社会时代西方家具的顶峰。

古罗马卡西德瑞椅

【作品时间】公元前 8 世纪至公元 5 世纪

这是表现古罗马时代上流社会的妇人坐在卡西德瑞椅上的雕像。相对于古希腊的克里斯莫斯椅略有差异，不乏优美流畅的线条。座面上一般放置皮革或软垫，常为女性所使用。（图片参考《图解经典名椅》）

大理石制古罗马高背椅

【作品时间】公元前 8 世纪至公元 5 世纪

椅子的前脚以狮身人面像为主题，可能是受到了古埃及的影响。椅背高大而沉重，雕刻装饰华丽。常为社会地位高的人或一家之主所使用。后来又被法国帝政式风格所传承，以象征其权力和威严。（图片参考《图解经典名椅》）

古罗马时代宝座

【作品时间】公元前 8 世纪至公元 5 世纪

该宝座其实并非为皇帝所使用，当然更不会为平民所使用，而是专门为神灵准备的神座。现存于梵蒂冈博物馆。（图片参考《西方家具集成》）

古罗马执政官员等用的折凳

【作品时间】公元前 8 世纪至公元 5 世纪

折凳由两个厚重的 X 形脚架连接而成，足端部为尖尖的鹰嘴形，座面两侧是厚重的木方，座面由皮绳编织而成。作品出自庞贝遗址，现存于那不勒斯国立考古博物馆。（图片参考《西方家具集成》）

古罗马青铜三角桌

【作品（复制品）时间】19 世纪

庞贝出土的青铜三角桌，有人推测它是一件脸盆架或火盆架。精美的造型表现出高超的青铜制作技艺。此作品为 19 世纪的复制品，现为美国某个人收藏家收藏。（图片参考《西方家具集成》）

古罗马躺椅与踏脚台

【作品时间】公元 1 世纪至公元 2 世纪

出土于庞贝遗址，约制作于公元 1 世纪至公元 2 世纪。该躺椅专供皇帝使用，主要构件用骨雕或玻璃细木镶嵌进行装饰。（图片参考《西方家具集成》）

商周时期的家具

第四节

　　商朝（公元前 1600 年至公元前 1046 年）是我国奴隶社会的发展时期，国家的法律制度得到了进一步完善，官阶的设置划分明显，等级森严。

　　商朝的农业经济发达，黄河流域已成为当时的经济中心，农业经济的发展也促进了商业和手工业的繁荣。

　　在手工业方面，铜的应用非常广泛，用铜制造的礼器和家具十分流行。

　　由于当时建筑低矮，室内空间狭小，因而造成了席地而坐的起居方式，继而出现了一些简单的与席地而坐相适应的低矮型家具。

西周（公元前 1046 年至公元前 771 年）是我国奴隶社会的鼎盛时期，已有了明显的国与家的概念，并强调以礼治国，开始建立和完善"周礼"制度，这一制度也决定了西周时期家具的特点——具有鲜明的礼器功能。

商、周时期的家具主要有席、几、俎、案等，青铜器中的禁、鼎也都具有了家具的功能。周朝时期也出现了屏风的前身——斧依。西周时期出现了髹漆技术，漆木家具相当精美。

席是供人们坐卧时铺垫在地上的平面状家具，是东方最古老且最简易的坐卧类家具。其前身是先人们穴居时为防虫防潮而铺垫的茅草、树皮和动物皮毛等自然材料，最早出现于神农氏时期，在《壹是纪始》中就有"神农坐席荐"之说。席的材料有竹、藤、苇、草、丝、麻、棉、毛、兽皮等，席的形式有单席、连席、对席之分。席的用料、规格、形式以及装饰都有严格的等级划分，用以显示使用者身份和地位的不同。

几有两种形态，一种是可以放置或陈设物品的器具，另一种是指席地而坐时可供人体凭靠的器具，故称"凭几"。

俎，即"礼俎"，是专用于祭祀时切肉或放置祭品的器具，有时也用于宴饮。俎有木制与铜制之分，后来又出现了带立板的俎，叫"大房"，有着更大的尺度。

禁出现于西周，早期是祭祀时放置酒樽的礼器，是案的前身。

斧依是用于室内隔断的屏板，在周朝时是天子权力的象征，即画有斧图案的屏板，后来演变成了屏风。

商晚期铜炊具甗

【作品时间】公元前 1600 年至公元前 1046 年

该作品为河南安阳殷墟妇好墓出土的三联甗。甗是古代一种蒸饭用的陶器，此甗为铜制。三个圆形的甗完全相同，下面为一长方形的鬲，甗和鬲表面均有纹饰。两个或三个甗组合在一起，可以同时煮不同的食物，其功能与当今多灶头组合的现代橱柜相似。（图片参考《中国古代家具鉴赏》）

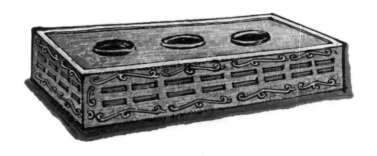

青铜器长方禁

【作品时间】公元前 1600 年至公元前 1046 年

禁是商代早期的一种祭祀的礼器，用于放置酒器。图中所示长方禁，前后各有十六个长方形孔（两排），孔的四周有龙纹雕饰，上表面有三个圆洞。现藏于天津市历史博物馆。（图片参考《中国古代家具鉴赏》）

西周早期的饕餮纹俎

【作品时间】公元前 1046 年至公元前 771 年

俎属于古人祭祀时使用的一种礼器，是用来宰杀牲畜和盛放宰杀后的牲畜的器具。此俎是辽宁义县出土的一件青铜器。俎面似簸箕，板式四足。腿足间有壶门券口，板腿上饰有雷纹与饕餮纹。
（图片参考《中国古代家具鉴赏》）

西周青铜器方鼎

【作品时间】公元前 1046 年至公元前 771 年

鼎为古人煮食物之炊具。图中方鼎为陕西扶风庄白一号窖藏出土的西周刖刑方鼎。（图片参考《中国古代家具综览》）

西周时期的漆木棋桌

【作品时间】公元前 1046 年至公元前 771 年

两周时期江陵雨台山楚墓出土的漆木博局，即棋盘或棋桌。棋盘中央嵌有一长方形小盒，用于盛放用卵石做成的棋子。（图片参考《唐宋家具寻微》）

春秋战国时期的家具

第五节

冶铁业在春秋时期得到了发展，到了战国时期，铁制工具得到了普遍应用，促使春秋战国时期（公元前 770 年至公元前 221 年）的家具生产进入了一个新的阶段。

这一时期铜制工具仍在使用，但铁制工具更坚硬、锋利，远胜于铜制工具。铁制工具有斧、凿、锯等，铁制工具的使用提高了加工的精度和效率。大部分的锯开始装柄，有的锯是双刃，有的锯条两端有小方孔（据考证，可能是将锯条安装在工字形的木架上，是框锯的前身）。雕刻和髹漆是这一时期家具装饰的主要成就。

春秋时期出现了中国木匠的祖师爷——鲁班，相传他发明了锯、凿、钻等工具，以及曲尺、墨斗等木工工具。木工作为一个行业在这一时期已基本形成。

　　这一时期的家具主要有俎、几、案、床、架、座屏等。

　　几为凭倚而设，有玉几、雕几、彤几、漆几、素几之分。

　　案主要用于放置食物。春秋时期的案可分为两类：一类是大型的呈长方形的案，有四足，是聚会时所用；另一类为小案，为个人进餐时使用。

　　战国床是我国最早的床，由床体、床栏、床脚三部分构成，床周边有方格形栏杆，两侧留有供人上下床的缺口。

　　座屏是这一时期的新产品，屏板带有底座而不能折叠，常用于室内主座位后面或较大室内入口处，发挥遮挡视线的作用，常以透雕和彩绘进行装饰。

春秋中晚期的漆木俎

【作品时间】公元前 770 年至公元前 476 年

春秋时期的家具制作有了新的成就，出现了髹漆与绘漆工艺，常以黑漆做底，红漆描绘图案，有色彩绚丽、光彩夺目的艺术效果。（图片参考《中国古代家具鉴赏》）

春秋时期的大房

【作品时间】公元前 770 年至公元前 476 年

春秋时期特殊形式的俎——"大房"。大房即古人祭祀时可以放半体牲畜的俎，其特殊之处在于俎面两端榫接了一对镂空木板，足板为嵌有玉石的彩绘漆俎。（图片参考《明式家具之前》）

春秋后期的铜俎

【作品时间】公元前 770 年至公元前 476 年

该铜俎由河南淅川下寺 2 号墓出土，现藏于河南博物院。俎面用镂空的蟠虺纹进行装饰。该时期的青铜器采用分铸、焊接、镶嵌、蜡模等新工艺，使得其产品更加丰富多彩、玲珑精巧。（图片参考《中国古代家具鉴赏》）

战国早期的漆木凭几

【作品时间】公元前 475 年至公元前 221 年

制作精美的漆木凭几多见于战国楚墓，该作品出土于长沙浏城桥一号墓。几面用整木制作，两端翘起，中段呈柔和的弧度。下部设栅足，栅足下部与拱起的横木相连，两边各有斜撑条支承几面。（图片参考《明式家具之前》）

战国黑漆朱绘小木俎

【作品时间】公元前 475 年至公元前 221 年

该作品是河南信阳战国墓出土的漆俎，材料为木质，俎面厚重，两端向内倾斜，板状腿，下端呈八字形向外分开。俎面与俎身绘有几何纹图案，造型古朴美观。（图片参考《中国传统家具图史》）

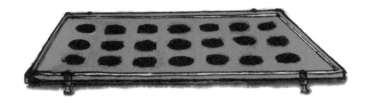

战国漆木案

【作品时间】公元前 475 年至公元前 221 年

案可看作是从禁中分离出来的一类器具，初始时两者共存，一置酒器（禁），一置食具（案），汉代时合二为一。战国时，案已有了区分于其他置物器具的特殊形式。如上图所示漆案，四周有略高出案面的边条，四角包铜，朱红漆面上装饰有 21 个排列整齐的黑漆涡纹图案，下有四个铜质兽蹄足。（图片参考《唐宋家具寻微》）

战国彩绘方柱形四足漆俎

【作品时间】公元前 475 年至公元前 221 年

湖北枣阳九连墩 2 号墓出土，俎面为长条形，中部渐凹。漆木质地，彩绘纹饰，方形足上宽下窄。
（图片参考《国粹图典·家具》）

战国铜案

【作品时间】公元前 475 年至公元前 221 年

湖北枣阳九连墩 1 号墓出土。此案案面透雕着精巧玲珑的几何纹饰，镂空的案面可以使肉上的油水漏出，不至于残留于案面。（图片参考《国粹图典·家具》）

带托泥的战国漆木案

【作品时间】公元前 475 年至公元前 221 年

该作品为湖北随县战国曾侯乙墓出土的漆案。案面分两部分，为对称图案漆饰。案腿设计精巧，两端各有三条腿，中间一根像倒立的笔端，前后两根雕琢成相背的雀鸟，均安装于一托泥横木上。（图片参考《中国传统家具图史》）

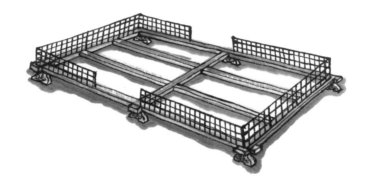

战国床

【作品时间】公元前 475 年至公元前 221 年

河南信阳长台关楚墓出土的战国黑漆大床，床四周有竹栏杆，两边留有供上下床的开口，床屉表面有十多根纵横交错的木方，供放置竹编的床屉面。下方设有六矮足，呈蛇卷形，头为虎头图案。结构为榫接合。（图片参考《中国古代家具综览》）

第 六 节

秦汉时期的家具

公元前 221 年，秦始皇统一了六国，建立了中国历史上第一个中央集权制的封建国家，在纵横华夏的同时吸收融汇了不同地域的文化，使秦国的政治、经济、文化都达到了一个全新的高度。秦后期奸臣当道、时局动乱，最后由大汉王朝取而代之，汉朝是我国封建社会又一个辉煌的时期。

这一时期的家具在继承战国漆饰的基础上发展变化而来，用色更加华丽，开始形成比较完整的组合式家具，家具的礼教成分渐渐衰退，实用性能逐渐加强。适应席地而坐的低矮型漆木家具进入全盛时期，其不仅数量庞大，而且榫卯结构更加科学合理。装饰手法以彩绘为主，并出现了堆漆工艺。到了东汉时期，生活方式也开始由席地而坐慢慢向以床为中心转变。

这一时期的家具除了沿用几、案、俎之外，还出现了种类多样的床榻类家具。

屏风床是当时常见的形式，在床后设有较高的屏风，可用于坐或卧。有屏坐榻是新出现的一类专用坐具，其尺寸较小，一般是三面围屏的独坐榻。简易一点的是无屏式坐榻，只能坐一人，往往是地位尊贵的人。

箱、柜也是这一时期的新产品，尤其是以箱盒为代表的漆木家具，更显汉代漆艺的辉煌成就。

汉代时期对外贸易发达，促进了汉王朝与西域国家的交流与融合，特别是丝绸之路的开辟，打开了西域各国交流的大门。西亚的胡床由此开始传入中原，这是一种形似马扎的坐具，汉朝的胡床多流传于宫廷与权贵之家，仅作为行军或打猎时的必备之物，虽然使用范围有限，却预示了垂足而坐的起居方式的到来。

西汉锦缘莞席

【作品时间】公元前 202 年至公元 8 年

席一般由芦苇、蒲草、莞草编织而成，在汉代被作为坐卧具而使用，以适应当时人们席地而坐的生活习俗。该席是湖南长沙马王堆汉墓出土的莞席。它以麻线为经，莞草为纬编织而成。（图片参考《国粹图典·家具》）

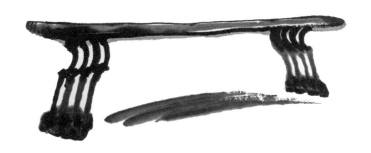

汉代八龙漆木案

【作品时间】25 年至 220 年

严格地说，此作品应该叫几，其表面无高出的边，几面平直，两端各安有四条腿。每条腿的上部都雕琢有下俯的龙头，口含几腿，下部有云纹托泥承托。该几造型轻巧，创意新颖。（图片参考《中国古典家具鉴赏》）

汉墓中出土的两款陶案

【作品时间】25 年至 220 年

案面呈矩形，和漆木案一样四周有高出案面的边沿线，以便摆放食物。下部为板状足或圆柱足。

（图片参考《中国古代家具综览》）

汉墓中承放酒罐的几案

【作品时间】25 年至 220 年

河南打虎亭汉墓画像石《酿酒图》中的承放酒罐的几案，下有三组栅足。（图片参考《中国古代家具综览》）

家具

3世纪至15世纪

第三章

辉煌的罗马帝国于公元 395 年，狄奥多西大帝死后，国土分裂为东西两部分，分别为以拜占廷（现在的伊斯坦堡）为首都的东罗马帝国，以及以米兰为首都的西罗马帝国。与此同时发生了日耳曼人的大迁徙，西罗马帝国于公元 476 年遭日耳曼人的占领而灭亡。

从西罗马帝国灭亡的 5 世纪开始，直至东罗马帝国灭亡，以及英法百年战争结束的 15 世纪中期，这一时期在欧洲被称作中世纪。

漫长的中世纪是一个家具贫乏的年代，即使是自由市民（布尔乔亚）阶层，居室内部看起来也是空荡荡的，几乎谈不上有什么家具陈设，仅有的几种家具也十分简单，衣箱既用来储物，也当作坐具用，晚上甚至把衣箱当床，箱内衣物即作为床垫。长椅、凳子是常见的家具，床十分简陋而轻便，甚至可以拆卸或折叠。中世纪的椅子有着既硬又平的座板，以及既高又直的靠背，它主要供室内装饰之用，并非供人歇息。中世纪还有一种下部像盒子一样的扶手椅，也不能让人放松，但却是权威的象征。只有重要的人物才能坐在椅子上，无足轻重的人物只能坐凳子，下人只能站着。

中世纪的物质财富十分贫乏，权贵人士虽拥有多处住宅，但经常旅行，出门时他们会带上家具和细软一起上路，所以家具必须是可拆卸的或可折叠的。

中世纪的房屋是人来人往的场所，并非隐私之处，一间房内通常摆放多张床，甚至一张床上要睡几个人，所以中世纪后期流行大床。知名的维尔大床大约出现在1575年至1600年，属于英国某镇上的皇冠旅店。大床能让四对夫妻舒适地并排躺在一起，并且彼此互不干扰，最多的时候可以同时睡十二个人。中世纪的欧洲毫无隐私可言。

而3世纪至15世纪的中国则自魏晋南北朝开始，经隋唐五代直至宋元时期。

由于北方汉族和少数民族混居，以及少数民族权贵的执政掌权，加之僧侣、商人和各国使节作为文化中介，使得汉人席地而坐的起居方式开始瓦解，大量源于中亚和西域的高型坐具在中原得到了广泛的传播和应用，中国最早的椅子就出现在这一时期的敦煌莫高窟西魏壁画中。

唐朝是中国封建社会的盛世，而宋朝则使中国的文明达到了一个新的高度。如果说魏晋是高型坐具的萌发期，那么隋唐便是从席地而坐到垂足而坐的转型期，其家具也必将发生相应的变化，到了宋元时期，家具品类已十分丰富，奠定了中国家具的基本形制，形成了完整的东方家具体系。

值得一提的是，当时西方的起居空间还毫无隐私可言，而中国的居住空间已有了"有别的男女之理"。宫室中的"六宫六寝"，民居中的"前堂后室"，就是将男女活动和生活范围作出了严格的区分和界定。

中世纪的欧洲家具主要有拜占廷式、罗马式和哥特式，虽家具品类和数量不足，但在家具史上仍留下了不少精品。

拜占廷式家具

第 一 节

　　日耳曼人的南侵与西罗马帝国的灭亡，促成了罗马文化的向东传播。拜占廷帝国从 395 年至 1453 年，历时千年，是基督教扩展至整个欧洲的时代。基督教神职人员的严谨与来自古希腊的高贵、庄重紧密结合，进而衍生出拜占廷风格。

　　拜占廷式家具广为应用直线型设计，曲线造型相对少见，欠缺了古希腊时代的优雅风格。

　　好的座椅基本由神职人员或国王所使用，一般家庭几乎没有椅子，最常见的家具是一种矮柜，既可以贮存衣物，又可以当坐具，晚上还可以当床睡。旋木构件的广泛使用和象牙雕刻装饰是这一时期家具的特征。

拜占廷式象牙雕刻宝座

【作品时间】395 年至 1453 年

这是一件拜占廷式风格的代表作，椅子以木材为框架，表面覆以象牙雕刻，正面有五圣像的浮雕。现藏于意大利的拉韦纳大主教博物馆。（图片参考《图解经典名椅》）

拜占廷式宝座浮雕

【作品时间】8 世纪至 10 世纪

拜占廷式装饰家具在基本形式上承传了希腊后期的风格，特别是皇宫中的家具更是绚丽奢华，宝座是其中一个典型的案例。（图片参考《西洋家具的发展》）

意大利拜占廷式石雕宝座

【作品时间】2世纪至4世纪

受基督教艺术的影响，拜占廷式家具以直线轮廓为主，多采用几何纹、动物纹等装饰题材。体现等级的宝座，椅背常有向上的尖顶（借鉴了建筑式样），其功能已变为象征威严的道具。（图片参考《西洋家具的发展》）

拜占廷式象牙浮雕座椅

【作品时间】6 世纪

6 世纪时丝织业开始盛行，家具的衬垫和覆面材料以及室内软装均受到了显著的影响，该象牙浮雕座椅亦表现了这一风格特点。（图片参考《西洋家具的发展》）

仿罗马式家具

第二节

仿罗马式艺术和建筑兴起于 10 世纪末至 12 世纪，为时短暂，到 12 世纪末被哥特式所取代。

仿罗马式风格融合了晚期罗马式、拜占廷式和蛮族的基本图案与色彩。主要以罗马式建筑的连环拱廊作为家具构件和表面装饰手法，并装饰有罗马的兽爪、兽头、百合花等纹样，形态粗重、形式拘谨是其特点。

旋木构件的桌椅继续流行，最突出的产品是大体量的衣柜和碗柜。其拥有圆拱形的表面装饰以及由大而长的生铁加工而成的门铰（有的端部呈弯尾状，它既是功能件，又是装饰件）。

沙特尔大教堂浮雕上的椅子

【作品时间】11 世纪至 12 世纪

该作品表现了圣马太坐在旋木构件的椅子上奋笔疾书《马太福音》的情景，椅子扶手下面的拱形装饰为典型的罗马风格。现藏于法国卢浮宫。（图片参考《西方家具集成》）

橡木三角椅

【作品时间】13 世纪

13世纪出现于德意志的仿罗马式三角椅,构件均为旋制圆木,座面为三角形,故名三角椅,较为罕见。
(图片参考《西洋家具的发展》)

仿罗马式扶手椅

【作品时间】11 世纪

该作品同样采用旋制圆木构件制作，扶手及靠背都有仿罗马式建筑的拱形装饰要素。现藏于瑞典
阿斯伯教堂。（图片参考《西方家具集成》）

仿罗马式靠椅

【作品时间】11 世纪

挪威、冰岛等地的仿罗马式靠椅常用兽头、兽爪作为装饰，箱式底座是其特征，箱面布满浮雕。
（图片参考《西洋家具的发展》）

柜式凳

【作品时间】 16 世纪初

该作品座面下是贮物柜，装有可开启的门。柜门描绘有罗马式圆形图案，材料为橡木。约制作于16 世纪上半叶的苏格兰。（图片参考《图解经典名椅》）

仿罗马式传教讲台

【作品时间】1200 年前后

讲台中部是连环拱廊形制，前面及两侧的装饰等表现出明显的仿罗马式风格的特征。现藏于瑞典哥特兰岛教堂。（图片参考《西方家具集成》）

意大利仿罗马式碗柜

【作品时间】11 世纪

罗马式建筑样式与装饰对家具风格产生了积极的影响，柜的顶端是建筑的山墙形，柜角包以金属，门面还大量使用了金属装饰件。（图片参考《艺术与家具》）

哥特式家具

哥特式风格始于 12 世纪前期的法国，一直延续到 16 世纪初并普及到欧洲各地，最典型的哥特式建筑是法国的巴黎圣母院和德国的科隆大教堂。此时市民文化已渗入教堂建筑中，教堂除了举行宗教仪式，还兼作市民大会堂、公共礼堂、市场或剧场，是工匠和小商人炫耀技艺和富足的标志性建筑。

哥特式建筑的特征是高耸的塔尖、圆花窗、精致的花窗格、彩色玻璃。

哥特式家具几乎是哥特式建筑的翻版，如银质铸造的宝座就像一座小教堂，柜子的表面也布满了并排或交叉的尖拱形雕刻图案。

由于受伊斯兰文化的影响，卷叶饰、尖顶饰、窗花饰、菱形饰等图案应用较多，使得哥特式家具深刻地影响了欧洲家具后来的发展。

家具产品主要有宝座、椅子、床、衣柜和碗柜等。箱柜形的高背座椅是这一时期座椅的突出特征。

哥特式英王加冕宝座

【作品时间】1308 年

这是哥特式座椅的典型式样，构架以直线为基础，椅背为尖顶拱造型。椅子以橡木为原料，狮身用白金装饰。现存于伦敦威斯敏斯特大教堂。（图片参考《图解经典名椅》）

箱座式高背椅

【作品时间】15 世纪

该作品留有椅类家具由箱子演变而来的痕迹，座面下是一个完整的贮物箱。制作于 15 世纪的法国，现藏于巴黎装饰艺术博物馆。（图片参考《西方家具集成》）

箱座式靠背椅

【作品时间】1840 年前后

这是一件用于教会讲道坛的椅子。椅座下成箱形，座板是箱体的上盖，且附有钥匙。制作于1840年前后的法国。（图片参考《图解经典名椅》）

哥特式碗柜

【作品时间】16 世纪初

可能考虑到食品保存的问题，门板采用透雕的装饰，以便通风透气。下部采用拱形檐板装饰。制作于 16 世纪初，现藏于维多利亚·阿尔伯特博物馆。（图片参考《西洋家具的发展》）

后期哥特式华盖床

【作品时间】15 世纪至 16 世纪

该作品以直线为主，造型简略，床头加一华盖，床尾有高于床面的床屏板。制作于 15 世纪至 16 世纪的阿尔卑斯山区国家。（图片参考《西洋家具的发展》）

第
四
节

魏晋南北朝时期的
家具

　　魏晋南北朝时期是中国历史上社会大动乱的时期，群雄割据，诸侯纷争，300余年的战火纷飞，给人们带来苦难的同时，也带来了各民族之间的交流和融合。佛教文化的盛行将异域的价值观、审美观通过佛教造像和壁画中的人物形象与服饰带到了中原大地，西域的椅、凳、墩随之进入汉地，使汉地的生活习惯，特别是席地而坐的起居方式受到了冲击。从此，随着高型坐具的引进，垂足而坐的起居方式开始出现。

　　随着木构架建筑的普及和斗拱的发展，室内空间加高增大，使之更适合生活起居，对家具也提出了新的要求。魏晋时期的家具，一方面沿袭着秦汉时期的习俗，以席地起居的家具组合为主，另一方面又出现了适合垂足而坐的高型坐具。

　　最常见的高型坐具有："筌蹄"是一种带束腰的圆凳，因其形状似当时的一种竹编的捕鱼工具——"筌"，故称其为"筌蹄"；凳有两者，一种是高度与小腿相当的四足方凳，另一种为实体的方凳或圆凳，或称之为"墩"更适合；胡床即"折叠凳"，东汉末期传入，魏晋时已相当普及；椅子是这一时期的新型坐具，但尚未广泛推广应用。

带支架和床帐的床榻开始出现，是架子床的前身。优雅闲适的几案和隐囊也开始流行。隐囊相当于今天的靠垫或抱枕。

魏晋南北朝时期，除了漆木家具外，竹藤家具也开始流行，给人们带来了新的审美情趣。家具装饰受到了西域文化的影响，不再是秦汉时期的神兽云气，出现了莲花、火焰纹、飞天等具有清秀风格的装饰纹样。

东魏石刻中的胡床

【作品时间】534 年至 550 年

胡床类似于今天的马扎，是一种轻便的高型坐具。胡床最早从古埃及传入，我国关于胡床的记载出现在《后汉书》中。胡床在我国北方较早流行。（图片参考《魏晋南北朝室内环境艺术研究》）

带围屏的坐榻

【作品时间】386 年至 534 年

山西大同北魏司马金龙墓出土的带有朱漆彩绘屏风的坐榻。（图片参考《中国古代家具综览》）

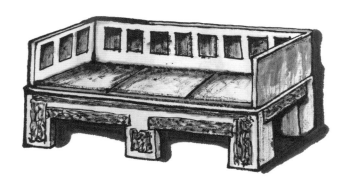

北魏石棺床

【作品时间】386 年至 534 年

北魏时大型榻与床的形制已十分接近，榻面可坐可卧，三面有围屏，榻面下有板状脚。石棺床并非安放尸骨，而是供死者宴饮之用，是陪葬品。（图片参考《魏晋南北朝室内环境艺术研究》）

北魏佛像

【作品时间】386 年至 534 年

帐与幄都是室内装饰的织物，既有装饰作用，也有挡风与避蚊虫的功能。将安挂帐幄的构件与床榻结合在一起，便形成了这种独特的家具形式。（图片参考《魏晋南北朝室内环境艺术研究》）

北魏屏风画中的坐榻

【作品时间】386 年至 534 年

山西大同北魏司马金龙墓漆画屏风上所绘的坐榻形式与帐挂结构，可能是受到了当时建筑大木作结构的影响，形成这种独特的坐姿与生活方式。（图片参考《魏晋南北朝室内环境艺术研究》）

敦煌二八五窟壁画中的椅子

【作品时间】220 年至 420 年

敦煌二八五窟中壁画上的椅子形象，椅子结构不是很清楚，可见部分的椅背与扶手连在一起，且高度一致，接近玫瑰椅的形象。椅子前有脚踏。菩萨垂足而坐，是我国最早的高型坐具形象之一。（图片参考《中国传统家具图史》）

敦煌二八五窟壁画中的绳椅

【作品时间】220 年至 420 年

魏晋时期随佛教文化传入的还有绳椅，原为印度僧侣坐禅入定的坐具。绳椅有椅背、扶手和四条直腿，已具备了高型坐具的基本形态特征。（图片参考《艺术与家具》）

北魏坐榻与凭几

【作品时间】386 年至 534 年

江苏南京象山 7 号墓出土的坐榻与凭几，是当时十分流行的一种坐具。榻用于盘腿而坐，凭几用于倚靠，后来便发展为椅背和扶手。（图片参考《中国古代家具综览》）

坐佛之坐床

【作品时间】220 年至 420 年

魏晋时期床榻的造型有了新的变化,如腿足增高,足下有横木——托泥相连,应该是高型坐具流行前的一种过渡形式。图中的榻高可能是有意为之,以显示佛或修行者的伟大。(图片参考《中国古代家具综览》)

北魏某石棺中雕刻的坐床

【作品时间】220 年至 420 年

图中所示为北魏孝子石棺中雕刻的郭巨母亲所坐之床，床上放有食品和日用生活器皿，是当时生活方式的形象表现。（图片参考《中国古代家具综览》）

《女史箴图》中的架子床

【作品时间】220 年至 420 年

该床由两部分组成，主体是一张四面带屏风的床，前面中间的两扇可以开启，供人上下床。床面下有壶门构件支承与装饰，上有幔帐装饰，床前置一可供坐人的长榻。（图片参考《中国传统家具图史》）

随意的高座坐姿

【作品时间】220 年至 420 年

在新疆克孜尔石窟壁画中，有大量使用三角形织物覆盖靠背的高型箱式坐具。画面中佛像人物或倚或靠，或交腿或盘腿，姿态各异，说明高型垂足而坐的生活方式更为舒适和自由。（图片参考《魏晋南北朝室内环境艺术研究》）

《洛神赋图》中的独坐榻

【作品时间】220 年至 420 年

坐榻有独坐榻与连坐榻之分，类似于席地而坐时期的单席与连席之分。有身份的人坐独榻，而一般人坐连榻。后来的长凳可能就是由连榻发展而来。（图片参考《魏晋南北朝室内环境艺术研究》）

隋唐五代时期的家具

第五节

隋唐五代是中国家具史上最重要的转型期，主流家具由席地而坐的低矮型向垂足而坐的高足型家具转型。生活习俗的改变与起居方式的转化是一个漫长的过程，经历了自上层社会向底层民众，由都市到乡村的演变过程。唐代中期至五代时期的变化最为显著，两宋时期则基本完成。

引起这一生活习俗转变的主要原因是外来文化与中原文化的交融，这种交流和融合在隋唐时期达到了一个新的辉煌阶段。皇族将"穿胡服、坐胡床、习胡乐"作为时尚。

英国学者威尔斯说："当西方人的心灵为神学所缠迷而处于蒙昧黑暗之中时，中国人的思想则是开放的，兼收并蓄而好探求的。"

　　大唐盛世统一的政治大局，以及农业和手工业的蓬勃发展为经济繁荣奠定了基石，国内外贸易也出现了前所未有的兴盛，尤其是丝绸之路的兴盛，是大唐与西域文化交流的主动脉。

　　首都长安城规模宏大，人口世界第一，总面积达84平方公里，布局严整，商贾云集，是当时世界上最繁荣、富庶、文明的国际大都市，为世界各国人民所向往。

　　隋唐五代时期，高足家具在品种和类型方面已基本齐全。按功能分，家具的坐卧类有凳、椅、墩、床、榻等；支承类有几、案、桌等；贮存类有箱、笥、柜等。此外，屏风也是这一时期重要的家具。

　　将有靠背的坐具通称为"椅子"，始于唐德宗、宪宗年间。由中唐至宋代，"倚"与"椅"并行兼用，最后"椅子"终占上风，沿用至今。

　　这一时期最为特殊的家具是床，其概念格外宽泛。凡上有面板，下有足撑者，不论置物、坐人或用于睡卧，皆可名之曰"床"。

　　屏风在唐人的生活中占有重要的地位，与生活息息相关，各种场所都离不开屏风，皇宫、官署、书斋、闺房……无处不在。屏风不仅发挥空间划分、隔障和装饰等功能，而且更多地表现为唐人情感的载体。

　　五代时期，社会的审美风气发生了变化。朴素、简明、风骨替代了大唐的华贵、厚重与圆润，高型家具已成为主流家具。高足家具应用框架结构，显得挺拔、简洁、清风秀骨，为宋代家具的形成做好了铺垫。

唐代檀木画几

【作品时间】618 年至 907 年

日本正仓院藏唐代檀木画几是珍贵的唐代几类家具实例。其由檀木制作，工艺精湛，造型简约。唐代的几类还有琴几、花几等品类。（图片参考《中国古代家具综览》）

唐代竹椅

【作品时间】618 年至 907 年

唐代高座椅子已大量使用。唐周文矩《琉璃堂人物图》中的竹椅，已具备后世靠背扶手椅的基本
形制。（图片参考《中国古代家具综览》）

唐代禅椅

【作品时间】618 年至 907 年

该作品为唐阎立本《萧翼赚兰亭图》中的扶手椅形象，其构件全部采用树根、树枝制作而成，靠背似是用天然棉麻绳绕制而成。用材原生态、自然天成，造型简朴、典雅。（图片参考《中国传统家具图史》）

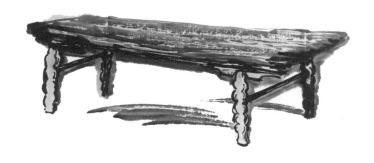

隋唐五代时期的大木桌

【作品时间】581 年至 907 年

桌面为长方形，四周带边框。带花边的四足之间用望板与横档相连接，使之构成脚架，并用木钉与台面连接。（图片参考《中国古代家具鉴赏》）

筌蹄

【作品时间】618 年至 907 年

筌蹄是自魏至隋唐五代时期的一种高型坐具，它随佛教传入中国，多见于中国西北地区。上图为西安王家坟唐墓出土的唐三彩女俑所坐的筌蹄形象。（图片参考《中国古代家具综览》）

素面银香案

【作品时间】618 年至 907 年

该作品为陕西西安法门寺地宫所藏的唐代素面银香案。案面两端向上曲卷，板状腿呈 S 形曲卷，前后各有横档支撑。（图片参考《中国传统家具图史》）

敦煌四七二窟壁画中的长案与长凳

【作品时间】618 年至 907 年

该图中的长案与长凳均为直线型,台面下有织物装饰,每边可坐四至五人。长案为餐台,看似分餐制,与当今的西餐台相似。（图片参考《中国古代家具综览》）

敦煌八五窟《屠房图》中的高桌

【作品时间】618 年至 907 年

从图中屠夫与方桌的操作方式与尺度比例看，方桌的高度与当今桌子的高度相差无几，说明高型家具的使用已相当普遍。（图片参考《中国古代家具综览》）

敦煌二一七窟《得医图》中的座屏

【作品时间】618 年至 907 年

该座屏由屏身与屏座两部分构成。座墩形式类似中国古建筑中的抱鼓石造型。屏芯绘制有山峦树木，是当时的常见形制，并传承至今。（图片参考《中国传统家具图史》）

五代画《宫中图》中的圈椅

【作品时间】618 年至 907 年

唐代已有了"椅子"这一称谓，高型家具在上层社会广为使用。图中的圈椅造型独特别致，椅背与扶手为曲线形，且合为一体，线条流畅，是后来明式圈椅的最早原型。（图片参考《中国传统家具图史》）

西夏挂牙方桌

【作品时间】1038 年至 1227 年

宁夏贺兰县拜寺口双塔出土的西夏挂牙方桌，桌面下的两腿外侧有透雕卷草纹挂牙。立面分为上下两部分，并用竖方将表面分为五个部分，内镶花板。底部加如意纹花牙装饰。整体造型与后来的闷户橱相似。（图片参考《中国传统家具图史》）

唐三彩榻

【作品时间】618 年至 907 年

陕西富平李凤墓出土的唐三彩榻，榻面用如意纹装饰，腿部为壶门结构，由多个壶门构成。作品现藏于陕西省博物馆。（图片参考《中国古代家具综览》）

敦煌二〇三窟中的坐榻

【作品时间】618 年至 907 年

敦煌二〇三窟壁画《维摩诘经变·文殊师利》中的榻，画中人物坐姿虽仍为跪坐或盘足坐，但榻面已明显增高，可能与当时高型坐具的流行有关。（图片参考《中国古代家具综览》）

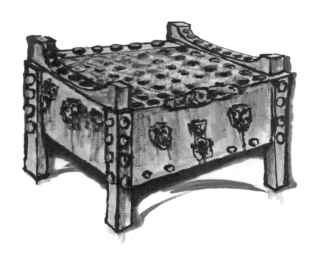

唐代陶柜

【作品时间】618 年至 907 年

河南洛阳金家沟唐墓出土的陶柜，其造型似鼎，四腿粗壮，柜面较小，有暗锁，腿上有铆钉形装饰，柜身有图案装饰。现藏于河南博物院。（图片参考《中国古代家具综览》）

宋元时期的家具

第六节

公元 960 年，宋高祖赵匡胤建立了大宋江山，结束了五代十国分裂割据的混乱局面。由于采取了一系列安邦定国的措施，使得农业、手工业、商业、建筑业和科学技术等方面均获得了较大的发展。尤其是手工业发展到 120 行之多，家具木工行业也不例外，大大地促进了商业的发展和城市的繁荣。

在宋代，垂足而坐已成为人们主要的起居方式。生活习俗也由以床为中心转向以桌椅为中心。生活方式的改变必然会导致家具品类的更新换代，高型坐具在此时得到了迅速的发展。这一时期的高型家具品类基本齐全，除了传承前代的式样外，还出现了许多新品种，如方桌、长方桌、交足式折叠桌、琴桌，以及祭祀用的供桌和香桌等。

宋代的高型家具多以直线型部件连接而成，以梁柱式的框架结构取代了隋唐时期的壸门结构，使得整体结构受力体系更加合理。

上层社会人文文化的兴起，使宋代家具逐步形成了自己独特的人文风格——清秀素雅、简洁实用，为明代家具的形成准备了条件。

以桌椅为中心的生活方式构成了中国古典家具组合的新格局，尤其到了北宋中期，桌椅的应用更加广泛，有一桌一椅、一桌两椅、一桌三椅等多种组合形式。

桌子在北宋时期非常流行，在人们的生活中扮演了不可或缺的角色。其造型丰富，如马蹄足、云头足、螺钿装饰、束腰、牙角、横杖，以及各种线脚，使得桌子看上去美感十足。

元代是蒙古族建立的大一统封建王朝，由于元朝存在年限不足百年，故元朝没有形成新的特色，但也出现了抽屉桌、罗锅椅、展腿式桌等新品类和新形式。霸王枨这一新结构的运用，云头、转珠等线型装饰，尤其是髹漆、雕花、填嵌工艺的发展，都是元代家具制作技术的成就，为明式家具的辉煌奠定了工艺基础。

宋元时期四出头扶手椅

【作品时间】960 年至 1279 年

该作品为山西大同阎德源墓出土。杏木材质，椅面长方形，线型零件均为直线造型，椅腿上细下粗。椅面下部与椅腿之间有牙子加固。（图片参考《中国古代家具鉴赏》）

宋元时期的木质盆架

【作品时间】960 年至 1279 年

该作品为河北宣化辽张文藻墓出土。上部环形用凹榫结合而成，下部四足用十字形拉档和弧形木组装加固。造型优美，榫结合工艺精湛。（图片参考《中国古代家具鉴赏》）

宋元时期的木床

【作品时间】960 年至 1279 年

该作品为山西大同阎德源墓出土。杏木材质，床的左、右、后三面有栏杆式围屏。四足为秋叶形，四足之间用横档和牙板加固。（图片参考《中国古代家具鉴赏》）

宋元时期的木椅

【作品时间】960 年至 1279 年

该作品为河北宣化辽代张文藻墓出土。座面为长方形，座框前方两角采用凹槽形抱榫相接合，呈十字相交外观。灯挂形的搭脑，弓形的横档，带三角形花饰的前望板，使该作品很有装饰感。（图片参考《中国古代家具鉴赏》）

宋城遗址出土的靠背椅

【作品时间】960 年至 1279 年

河北巨鹿宋城遗址出土的靠背椅,搭脑向两端挑出,是后世灯挂椅的早期表达。椅背上部微微向后倾斜,已有了追求舒适的设计意图。座面下设牙板加固。(图片参考《中国古代家具综览》)

宋墓出土的靠背椅

【作品时间】960 年至 1279 年

该作品为江苏武进村宋墓出土的靠背椅，椅背高而直，靠背板略有弧度，前方踏脚横档较低，两侧和后面的拉脚档逐步加高。该作品已具有了灯挂椅的基本形制。（图片参考《中国古代家具综览》）

宋代供桌与靠椅

【作品时间】960 年至 1279 年

该作品为江苏江阴"瑞昌县君"孙四娘子墓出土的供桌与靠背椅，桌面与椅座均采用格角榫组框结构，面板下有牙板与脚连接，形成了唐代壶门式的外观形象。（图片参考《中国古代家具综览》）

宋《孟母教子图》中的长桌

【作品时间】960 年至 1279 年

宋代画作《孟母教子图》中的长桌采用了夹头榫的结构，为后来明式家具中的夹头榫平头案提供了参考。（图片参考《中国古代家具综览》）

宋《高会习琴图》中的家具

【作品时间】960 年至 1279 年

《高会习琴图》中的屏风、琴桌及扶手椅，还有屏风前主人所坐的带屏板的长榻的组合，似乎反映了当时上层社会家庭中客厅或琴室家具的布置格局。（图片参考《中国古代家具综览》）

宋墓壁画中的大曲线靠背交椅

【作品时间】960 年至 1279 年

交椅的造型据推测可能是由胡床、凭几组合演变而来，或者说是在胡床上安装靠背与扶手。宋《清明上河图》中有直、曲靠背交椅。江西乐平宋墓中的大曲线靠背交椅说明当时交椅品类多样，相当流行。（图片参考《中国古代家具综览》）

宋墓出土的长方桌

【作品时间】960 年至 1279 年

江苏武进村宋墓出土的长方桌，造型简约轻巧，其特点是没有牙板，四根圆柱腿直接与桌面榫接。
（图片参考《中国古代家具综览》）

宋城遗址出土的高型木桌

【作品时间】960 年至 1279 年

河北巨鹿宋城遗址出土的该高型木桌与江苏武进村宋墓出土的长方桌形制基本相同，唯一的特点是桌面下加了曲线牙板，使结构进一步优化。（图片参考《中国古代家具综览》）

宋代扶手禅椅

【作品时间】960 年至 1279 年

宋画中的扶手禅椅，其座面和靠背都较低，而座面较宽，从画面中看似乎垫上了软垫，僧人可在座面上打坐。这是一件造型优美、结构合理、功能实用的坐具。（图片参考《中国古代家具综览》）

金墓壁画中的高型桌椅

【作品时间】960 年至 1279 年

山西绛县裴家宝金墓壁画《夫妇对坐图》中的高型桌椅，表现了辽金时期桌椅的使用更加广泛，并出现了一桌两椅的室内对称布局。（图片参考《中国古代家具综览》）

宋《西园雅集》中的桌与凳

【作品时间】960 年至 1279 年

宋画《西园雅集》中的条桌与方凳采用了相同的结构形制，均采用了向内的马蹄足，四足由托泥构成的脚盘相连接。这一形制也为后来的明式家具所传承。（图片参考《中国古代家具综览》）

宋《博古图》中的低背扶手椅

【作品时间】960 年至 1279 年

宋画《博古图》中的低背扶手椅，靠背与扶手等高，适合于伏案工作时使用。其造型以直线为主，简约轻便。该作品是较早出现的低背扶手椅。（图片参考《中国古代家具综览》）

元《事林广记》中的家具

【作品时间】1271 年至 1368 年

该坐床又叫围子榻，三面带围栏，左右围栏较低似扶手，后围栏较高，可倚靠。床面与腿足相交处装有牙子。床面中部有棋桌，床前有脚踏。围栏结构具有元时期游牧民族的装饰特征。
（图片参考《中国古代家具图史》）

元代长陶供桌

【作品时间】1271 年至 1368 年

山西大同元代崔莹李氏墓出土的长陶供桌，上部是带围栏的供桌面，用来放置祭祀时的祭品，下部为带围板的底座。其造型与图案均具有游牧民族的艺术特征。（图片参考《中国古代家具综览》）

元代陶长桌

【作品时间】1271 年至 1368 年

该陶桌的足端已放弃了托泥结构，使得形态更为简约，与后来的几类家具已很接近。短腿与牙板的造型均为曲线云形图案装饰，颇具西域少数民族家具装饰特征。(图片参考《中国古代家具综览》)

第四章　15世纪至18世纪家具

在15世纪，亚欧之间是相对平衡的，旧的格局在延续，新的格局开始萌发，亚洲仍然很强大，欧洲开始兴起。中国明朝处于上升和繁荣阶段，象征明朝繁荣强大的标志性事件是郑和下西洋。从1405年起，明朝派遣郑和率领庞大的船队七次探访亚非国家。这是中国航海史上的壮举，先后历时20余年，到达三十余国。郑和下西洋扩大了中国在海外的声誉，也带回了大量的珍贵硬木，为明式家具的发展创造了条件。

15世纪至16世纪是欧洲资本主义兴起的时代，文艺复兴和宗教改革适应了资本主义发展的需要，这一时期的中国仍维持着封建时代的繁荣，但与欧洲相比，已开始显现出时代的差距。

17世纪至18世纪是欧洲列强在世界范围内进一步扩张的时代。欧洲的进一步兴起为欧洲工业社会的发展创造了条件，也为欧洲的艺术繁荣提供了保障。17 世纪至 18 世纪的中国是明清易代与"康乾盛世"的重要时期，此时国家统一、社会稳定、经济繁荣，为明式家具的继续流行和开创清式家具的辉煌打下了基础。

15 世纪至 18 世纪的家具主要表现为欧洲的文艺复兴式家具、巴洛克式家具、洛可可式家具和新古典主义家具，中国则表现为明式家具和清式家具，是中国古典家具的黄金时期，并为世界现代家具的发展提供了智慧。

第一节 文艺复兴时期的家具

　　文艺复兴是欧洲在经历了漫长的中世纪的黑暗与愚昧之后突然出现的繁荣。作为一场运动，文艺复兴发端于 14 世纪末的意大利，15 世纪后期扩展到西欧各国，16 世纪达到鼎盛，广泛影响了从社会生活到思想观念的方方面面，揭开了欧洲现代历史的序幕，为人类通向现代世界开辟了道路。相对于中世纪教会的权威和思想的禁锢，文艺复兴更强调人文主义精神，提出了以人为中心而不是以神为中心，肯定了人的价值与尊严。建筑领域的文艺复兴通常采用具有人文主义内涵的装饰题材和符合古典审美情趣的表现形式，建筑设计中大量引用古希腊和古罗马时期的各种柱式，建筑外观则呈现出简洁明快的直线形式。

　　文艺复兴时期家具的特点是富丽堂皇，而且形体巨大。装饰方面细木工镶嵌十分精美，薄木拼花贴面也很流行，浅浮雕和平面刻花等装饰形式表现不俗。装饰图案是按透视法绘出的人物画像、野外风景、城市街道，以及富于创意的阿拉伯图案。

　　建筑和家具经过文艺复兴的转折期以后，西方古典风格进入巴洛克、洛可可和新古典主义的灿烂发展时期。

意大利文艺复兴式靠椅

【作品时间】16 世纪末

16 世纪末流行于意大利，可以被认为是椅子类家具进化的产物，不但移动方便，而且座面下的小抽屉非常适合家居主妇存放缝纫用具。（图片参考《西洋家具的发展》）

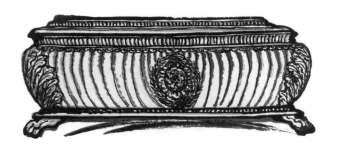

意大利文艺复兴式矮柜

【作品时间】16 世纪

从中世纪开始到文艺复兴时期，这类被称为"卡索奈"的矮柜是意大利上层社会十分流行的婚礼家具。除用于收藏衣物和重要的物品之外，它在室内装饰中也是重要的陈设艺术品。（图片参考《西洋家具的发展》）

法兰西文艺复兴式长桌

【作品时间】16 世纪初

该作品不仅应用涡卷和螺纹图案、柱头与半柱像装饰、槽纹柱腿装饰，还在中间的支架上增加了一组柱廊式支柱。在形式上充分表露出雄浑典雅的气派，形成了文艺复兴时期家具的一大特色。（图片参考《西洋家具的发展》）

英国文艺复兴式天盖床

【作品时间】16 世纪

16 世纪英国文艺复兴时期的床的体量很大，装饰繁复。床体与后床屏相连，而天盖前端则有独立的立柱支撑。家具的装饰表现出与建筑相同的要素和表现手法。（图片参考《西洋家具的发展》）

英国文艺复兴式箱型长榻

【作品时间】公元 15 世纪末至 17 世纪初

这是一件折叠式多功能家具，面板上翻后就是一件带靠背和扶手的长榻，而座面下则是一个储物箱。立柱采用旋木装饰，柜体采用文艺复兴式装饰图案。（图片参考《西洋家具的发展》）

威尼斯高架桌

【作品时间】16 世纪

该作品继承了中世纪架足桌的特点，桌面和桌腿的形式已固定下来。除了在胡桃木上进行复杂的圆雕外，还有着浓厚的古罗马遗风，常镶以大理石的桌面，显现出华丽、庄重而又和谐的风韵。（图片参考《西洋家具集成》）

托斯卡纳式四柱床

【作品时间】16 世纪

该床床头采用精巧的雕刻进行装饰，且有四根螺旋状支柱，柱子顶端采用古代壶形装饰件。意大利南部气候温和，人们喜欢将这种开放式的矮床放在地面的台座上，上设顶盖，顶盖固定在墙面的铁架上，并挂有华丽的床帷。（图片参考《西洋家具集成》）

意大利文艺复兴式靠椅

【作品时间】16 世纪

该靠椅已具备了现代座椅的形制，座面下的四腿之间除了左右拉脚档之外，还采用了板式构件以增强脚框架的强度，略显保守。扶手前端采用涡卷饰，柱端采用花瓶形旋木饰，板件周边采用带状边饰。（图片参考《西洋家具的发展》）

荷兰文艺复兴式靠椅

【作品时间】公元 15 世纪末至 17 世纪初

该作品为客厅椅或餐椅，座面和靠背已开始采用软包装饰，多为天鹅绒、绢丝和皮革等材料。座面四角有流苏吊饰，旋木腿在拉脚档接合处为方形。（图片参考《西洋家具的发展》）

文艺复兴式萨伏那洛拉椅

【作品时间】16 世纪末

该椅的命名是用以纪念为佛罗伦萨宗教改革而献身的萨伏那洛拉修道士。它与但丁椅一样，都是以 X 形的金属脚架为特征，上加座面与靠背。拆去靠背后可以折叠，以方便携带。（图片参考《西洋家具的发展》）

第二节 巴洛克式家具

"巴洛克"一词源于葡萄牙语，是指不规则形状的珍珠，引申为"不合常规"之意。后来文化史学家将巴洛克在艺术上的意义固定下来，专指一种从文艺复兴极盛时期的建筑风格蜕化而来的，最早出现在罗马时代，后流行于欧洲各地的反宗教运动的华丽风格。

如果要给家具以性别，那么巴洛克式家具是雄性的，它豪华而富有气势，带着激情而炫富的表情，打破了设计的理性，以浪漫主义的情怀冲击着人们内心的宁静。这一时期以及后来的洛可可时期的家具又被称为"浪漫主义时期家具"。

巴洛克式家具首先出现在法国路易十四统治时期，故又称"路易十四式"。巴洛克式家具生动、热情奔放、形式多变、奢华繁缛、饱满丰腴，不乏卖弄炫耀的意味，其装饰通常是刻意夸张的。

巴洛克式家具的主要特征包括扭曲形状和圆鼓形体。家具腿部流行使用交织的植物纹、人像或其他隐喻性形象。造型偏爱球茎形、栏杆支柱形等，其中螺旋形构件尤受青睐。11 世纪出现的旋木椅到了 17 世纪更为流行，大量出现的螺旋形的扭转形式，同样也出现在橱类家具的边部装饰上。

法兰西巴洛克式长桌

【作品时间】17 世纪至 18 世纪

该作品采用螺旋形和矩形相结合的构件，矩形部分用于构件之间的榫接合，H 形的脚架形制是其主要特征。桌面周边采用深浮雕的线脚装饰。（图片参考《西洋家具的发展》）

法兰西巴洛克式雕刻镀金桌

【作品时间】17 世纪至 18 世纪

该设计为典型的巴洛克风格，四角采用女像柱装饰，脚端采用扭曲和动态的线条，呈 X 状在中部相交于一球体。桌面下的檐板和脚架综合应用了人物、植物、动物等装饰图案。（图片参考《西洋家具的发展》）

西班牙巴洛克式靠椅

【作品时间】17 世纪至 18 世纪

该作品以旋木构件为主，靠背横板为带涡卷形曲线的雕刻花板，椅背上部装有一圆形徽章。座面为绳编，也是其特点之一。（图片参考《西洋家具的发展》）

德意志巴洛克式碗柜

【作品时间】17 世纪至 18 世纪

碗柜使用夸张的绳形半柱装饰，柜门上有丰富的几何图案线脚，柜脚为动物爪形，柜顶和底板采用植物图案和雕刻花板装饰，突显德意志巴洛克装饰活泼生动的特色。（图片参考《西洋家具的发展》）

德意志巴洛克式雕刻桌

【作品时间】17 世纪至 18 世纪

该作品采用繁茂的莨苕叶饰和花果雕饰构成桌子的底座，并将男童雕像嵌入桌子的四腿，构成了一件完美的雕刻作品。（图片参考《西洋家具的发展》）

意大利巴洛克式脚凳

【作品时间】17 世纪至 18 世纪

以四个涡卷纹腿和呈弓形向上突起的蔓藤饰拉脚档构成了优雅华丽的底座。凳面采用植物图案的织物覆面，使作品更为华丽多彩。（图片参考《西洋家具的发展》）

第三节 洛可可式家具

　　洛可可艺术风格是继巴洛克艺术之后，发源于法国并很快遍及欧洲的一种艺术风格。因其发源于路易十四晚期，流行于路易十五时期（1715年至1774年），故又称之为路易十五式。

　　洛可可一词源于法文，指用小石头和贝壳作为装饰图案的一种装饰式样。洛可可艺术吸收了巴洛克的华丽和中国装饰的柔和，是运用多个S形组合图案的一种华丽装饰形式，具有纤巧繁复的装饰效果。

　　如果说路易十四式的装饰在辉煌雄伟方面达到了极致，那么随后的路易十五式则在纤巧精美与浮华繁缛方面也达到了同样的顶峰。洛可可的艺术形态是十足的女性美、妩媚、亭亭玉立，并以此击败了流行近一个世纪的男子气十足的巴洛克风格，成为 18 世纪最为流行的艺术风格。

洛可可式家具的出现与路易十五世钟爱的情人——蓬帕杜夫人密切相关，因为她参加了凡尔赛宫的营造，以女性的审美情趣主导了 18 世纪的法国艺术风格。

室内与家具设计越来越讲究生活的舒适性与便利性，淑女名士的起居室讲究私密安静，清雅的白色开始受到欢迎，配以金色、玫瑰红和绿色等精美细腻的装饰作为点缀，格调轻快妩媚。

简洁舒适且小巧轻便的沙发、长椅、床榻、写字台、梳妆台得到了发展。

洛可可式在英国则表现为安妮女王式、乔治式和以设计师命名的齐彭代尔式等设计艺术风格。

法兰西路易十五式抽屉衣柜

【作品时间】18世纪 【作品作者】克雷森

该作品由法国知名宫廷家具制作师克雷森设计制作。他常采用胡桃木贴面和镀金青铜件对家具进行装饰，以少女头像、猿猴、贝壳、枝叶为雕刻装饰主题。（图片参考《西洋家具集成》）

法兰西路易十五式读书椅

【作品时间】18 世纪

读书椅与梳妆椅都属同类椅子,十分相似,座面为菱形,适合放置在室内墙角处,因此也称为"角椅"。形态优雅的 S 形弯腿、饱满的坐垫和靠背软包,使得该作品充满女性美。(图片参考《西洋家具集成》)

法兰西路易十五式公爵夫人躺椅

【作品时间】18 世纪

该类躺椅是一种组合家具，头部类似于安乐椅，中部是高度相同的凳，还可以加上脚踏凳。主要供女主人在白天休息，盖上毛毯也可以轻松过夜。现藏于巴黎历史博物馆。（图片参考《西洋家具集成》）

法兰西洛可可式女用写字台

【作品时间】18 世纪

该类写字台从 18 世纪后期开始广为流行。该作品由以埃班为代表的众多家具制作师合作，集大家的高超技艺打造而成。将中国风格的装饰题材点缀在红色的漆面上，并采用黑色漆涂饰边框。打开倾斜的盖板，内藏一个小柜和六个抽屉，适应了女性使用需求。现藏于波士顿艺术博物馆。（图片参考《西洋家具集成》）

安妮女皇式靠椅

【作品时间】18 世纪

该作品为安妮女皇式靠椅，其轻巧的形态和优雅的曲线预示着英国家具黄金时代的到来。源于中国的三弯腿造型通过荷兰家具传到英国，其成为安妮女皇式家具的鲜明特征。

英国齐彭代尔式中国风靠椅

【作品时间】1740 年至 1765 年

英国齐彭代尔式家具是洛可可式中国风的代表，其以融合了哥特式、中国风和洛可可等多种风格而著称。椅子靠背仿效了中国的窗棂格。（图片参考《艺术与家具》）

英国齐彭代尔式中国风架子床

【作品时间】1750 年

该设计完全仿效了中国园林中凉亭的形制与风格，亭顶式的华盖、挑檐、窗棂等要素，无一不是中国建筑特色。该作品制作于1750 年，现珍藏于巴德明顿庄园。（图片参考《西洋家具的发展》）

英国威廉·肯特式长桌

【作品时间】1714 年至 1760 年

乔治一世即位后，英国皇宫和贵族的家具以模仿法国皇室的豪华家具为主要风尚，威廉·肯特是当时重要的宫殿建筑师，这一时期的许多华贵的雕刻家具都被认为是他的作品。（图片参考《西洋家具的发展》）

英国乔治早期高背靠椅

【作品时间】1714 年至 1760 年

乔治早期的家具仍依循安妮女皇式的风格，追求华丽的装饰，在某种程度上更甚于法国。该作品上部的坐垫和靠背饱满厚实，坐垫下有流苏装饰，椅子下部空灵简洁，弯腿细长优雅。（图片参考《西洋家具的发展》）

新古典主义家具

第 四 节

　　路易十六（1774 年至 1792 年）统治的后期，在启蒙哲学和革命精神的影响，以及意大利南部赫库兰尼姆和庞贝的考古发现的激励下，家具设计师们开始尝试从造型上模仿古代家具。随着城市的发展，以城市为基础的手工艺逐渐从宫廷的禁锢中解脱出来，变成为任何有产阶级服务的行业，新兴资产阶级开始成为艺术设计的主要引领者，新古典主义应运而生。

　　新古典主义在法国表现为路易十六式，以及后来的帝政式风格。而在英国则表现为亚当兄弟式、赫普怀特式，以及谢拉顿式风格，在美国则表现为联邦式风格。

　　路易十六式，即新古典主义风格，主要强调以直线为主的造型特征，洛可可式的弯腿被垂直且端部渐缩的造型所取代，整体造型空灵轻巧。

新古典主义后期的帝政式风格为了彰显拿破仑的权威，家具造型变得粗大威严，与现代设计背道而驰。

法兰西路易十六式高柜

【作品时间】18 世纪末

该高柜完全以直线形制取代了路易十五式的曲线造型。柜面用嵌木细工、镶嵌和涂漆装饰,四角为青铜镏金饰件。柜体的顶面线、底面线和柜边线精炼简朴。(图片参考《西洋家具的发展》)

法兰西路易十六式靠椅

【作品时间】18 世纪末

该设计仍采用了路易十五式的曲线造型，但椅腿已由弯腿改为直线凹槽装饰形制。软包讲究、坐感舒适。（图片参考《西洋家具的发展》）

路易十六式边柜

【作品时间】18 世纪末

该设计为直线形制，柜面和边线均采用镶嵌装饰。脚型为直线圆脚凹槽装饰，且由上而下渐缩。（图片参考《西洋家具的发展》）

法兰西路易十六式华盖床

【作品时间】18 世纪末

路易十六式华盖床源自凡尔赛宫。在路易十五之前，国王和皇后就寝时要举行就寝仪式，早上起床时则有朝会，床就成了仪式的道具，毫无隐私可言。该华盖床的床屉放在基座上，床头有织物软装，上有华盖伸出，精美而有层次的帷幔从上而下呈八字形分别掩盖左右两侧，颇具路易十六式优雅质朴的风貌。（图片参考《西方历代家具图册》）

英国赫普怀特式座椅（一）

【作品时间】18 世纪末

赫普怀特是英国家具黄金时期的家具设计四大名师之一。其作品比例优美、造型优雅，兼有古典式的华丽和路易十六式的纤巧。盾牌形和心形靠背是其椅子设计的主要标志。（图片参考《西方家具集成》）

英国赫普怀特式座椅（二）

【作品时间】18世纪末

赫普怀特式座椅的风格特点都集中表现在椅背上。该作品的靠背设计也独具匠心，既有心形的特点，还有弦线为设计要素，一组细线形构件分别构成了椅背和扶手下方。（图片参考《西方历代家具图册》）

英国亚当式座椅

【作品时间】1770 年至 1830 年

罗伯特·亚当是英国家具设计四大名师之一。其椅子造型以直线为主，但脚端和扶手均有细微的曲线，使形体更为优雅。（图片参考《西方历代家具图册》）

英国温莎椅

【作品时间】18 世纪中期

温莎椅的基本形制是利用一厚板作为座板，并挖出臀部形状的凹陷。座板上部插入靠背构件，下部则插入椅腿，四腿之间采用 H 形拉脚档加固。18 世纪之前的椅背为简易的梳背形，18 世纪时受安妮女皇式风格影响，椅背中间开始出现壶形小提琴形、花瓶形等形状的椅背长条背板。椅背和椅脚多为旋木，前腿也有采用安妮女皇式弯腿的。（图片参考《图解经典名椅》）

英国酒吧用温莎椅

【作品时间】18 世纪中期

低椅背的温莎椅是在栏栅式的一组旋木上安装靠背和扶手，H 形的拉脚档上安装了两根横档。这种椅子在 19 世纪开始广为流行，除了用于酒吧和咖啡馆，也可用于家庭和办公室。（图片参考《图解经典名椅》）

英国温莎式摇椅

【作品时间】18 世纪中期

在简易的梳背温莎椅的形制上，将座面改为 S 形曲面，脚端两侧各加一条弓形摇动构件。坐于其上可在舒适的角度内摇动，使人体充分放松，得到休息。（图片参考《图解经典名椅》）

美国联邦式靠椅（一）

【作品时间】18 世纪末至 1830 年

联邦式风格是美国独立战争后至 19 世纪早期，在法国路易十六式的室内装饰和家具风格的影响下形成的风格。直线形、旋木腿和精致的软包是其主要特征。（图片参考《西方历代家具图册》）

美国联邦式靠椅（二）

【作品时间】18 世纪末至 1830 年

该设计中的旋木沟槽圆腿和竖条、方形靠背、尖足，以及软包座面等要素和特征，都采用了路易十六式的直线形制与装饰手法。（图片参考《西方历代家具图册》）

美国邓肯·怀夫靠椅

【作品时间】1768 年至 1854 年　【作品作者】邓肯·怀夫

邓肯·怀夫是一位知名的木匠，他于 18 世纪后期从苏格兰移民到美国纽约，开设商行，雇用工匠，从事家具生产。其早期模仿英国四大名师的作品，后期则模仿帝政式风格，因此被称为"美国帝政式风格"。该靠椅较大程度地仿效了古希腊克里斯莫斯椅。（图片参考《西方历代家具图册》）

法兰西帝政式华盖床

【作品时间】1799 年至 1830 年

自从 1804 年拿破仑称帝开始，他就充分认识到装饰艺术是显示统治者权威的不可缺少的表现手段。帝政式就是第一帝政时期室内、家具、服饰等装饰艺术的整体风格。该床为帝政式风格的典型代表，低矮的穹隆式华盖表现出一种帐篷式的装饰手法，有一种体验战争前线的感觉。（图片参考《西方家具集成》）

法兰西帝政式女体像柱桌

【作品时间】1799 年至 1830 年

帝政式家具的出现是一种彻底而广泛的复古运动，帝政式家具几乎完全是古罗马家具的翻版，显示出一种夸大、生硬的弱点。女像柱、厚重的檐板、粗实的底座和繁复的装饰，表现出一种近乎暴发户的恶俗格调。（图片参考《西方历代家具图册》）

法兰西帝政式沙发床

【作品时间】1799 年至 1830 年

该沙发床是古罗马躺椅的翻版，只是形态更为夸张。两端采用涡卷状靠背，一高一低，表面布满古典装饰图案，床面采用软床垫和软靠枕。其功能类似古罗马的榻，可倚可躺。（图片参考《西洋家具的发展》）

明式家具

中国家具经过了夏商、春秋、秦汉时期低矮型家具的早期发展，魏晋、隋唐时期向高足型家具的过渡，到两宋时期垂足而坐的起居方式基本定型。又经过数百年的不断完善，到明代达到历史的顶峰，创造了举世闻名的明式家具。

明朝是我国历史上又一个强盛的时期，明太祖朱元璋采取了一系列休养生息、顺应民意的措施，使社会经济得到了快速的恢复与发展。手工业也由宋朝的 120 行发展到 360 行。部分地区的手工业生产部门还出现了资本主义萌芽。

明朝时期郑和七下西洋，其规模之大，航线之长，往复之频繁，创造了世界航运史上的奇迹。重要的是船队从南洋各国带回大量优质木材，为明式家具的辉煌提供了丰富的物质条件。

　　商品经济的繁荣又使城镇得到了迅速的发展，住宅建筑得到了很大的提升。特别是明中叶以后，上层社会为显示其财富而广建园林，北京及苏杭一带名园流传至今。住宅及名园的发展促进了家具功能的细化与完善，并出现了成套家具。

　　明式家具制作工艺精湛，结构科学合理，榫卯形式丰富多彩，史无前例。明式家具用材讲究、软硬兼用，特别是硬木纹理和色泽突显，演绎了一种特殊的家具文化现象。

　　明式家具以线造型来表达结构与形态。其造型简洁，形态优美，钟天地之灵秀，聚人文之精华，呈现出超乎其本身的文化意义与精神内涵，充分体现了实用与审美的统一，代表着家具制作工艺的最高水平。

　　明式家具品类齐全，主要有床、榻；椅、凳、墩；几、案、桌；箱、柜以及台架、屏风等类型。

　　苏式家具既是明式家具中的经典，也是明式家具形成的成功体现。明朝时苏州有"天堂"之美誉，是我国江南地区的经济文化中心。高度发达的文化艺术及特定的文化氛围与明式家具的形成关系密切。苏州地区园林密布、秀甲天下、物宝天华、人杰地灵。文人们为追求高逸脱俗的意境而寄情山水花草，对苏式家具的形成产生了积极的影响。苏式家具的最大特点是形态上的轻与小，装饰上的简与素，苏式家具最大的艺术魅力就是素雅简练、流畅空灵。苏式家具的造型艺术成就了明式家具的艺术风格，并对世界现代家具的发展产生了积极的影响。

明式家具交椅

【作品时间】15世纪至17世纪

鼎盛时期的交椅主要是指在明代制作的交椅。交杌加上靠背就是交椅，有直后背和圆后背两种。直后背交椅的靠背和灯挂椅相似，圆后背交椅的靠背和圈椅相似，宋代称为"栲栳样"，一般采用金属饰件加固连接部位。交椅由交杌演变而来，交椅的构造比交杌复杂，其构成的部件也有所增加，主要有椅圈、靠背板、椅面、椅足、角牙、踏床等。［图片参考《故宫博物院藏文物珍品大系·明清家具（上、下）》］

明式家具官帽椅

【作品时间】15 世纪至 17 世纪

官帽椅是典型的明式家具代表，其搭脑左右外展，形若官帽两翅。人端坐在椅子上，以脑后仰于搭脑之上，恰如头戴官帽。官帽椅从外形上看颇为清爽，文人气息更足，造型经典考究。可大致划分为明、清两个款式，清式大都体现传统雕工工艺，以山水、人物、故事情节为图案，注重画面的层次感；而明式则以丰富的内涵与用料的精细著称，造型不仅映衬中国的古典环境，也与现代生活环境相融合。与清式相比，明式更具创新性，线条简洁优雅，更适合现代家居使用。［图片参考《故宫博物院藏文物珍品大系·明清家具（上、下）》］

明式家具南官帽椅

【作品时间】15 世纪至 17 世纪

南官帽椅是搭脑、扶手都不出头的款式，连接方式用挖烟袋锅榫，直角接口圆润；背板光素，S 弯；藤座面，边抹混面压边线；前、后腿一木连做，呈四腿八挓的金字塔形；下部罗锅枨加矮老，配步步高管脚枨。南官帽椅文雅、平和，乘坐舒适，是明式椅的经典代表作。［图片参考《故宫博物院藏文物珍品大系·明清家具（上、下）》］

明式家具圈椅

【作品时间】15 世纪至 17 世纪

圈椅是最为经典的明代家具，其造型古朴典雅，线条简洁流畅，制作技艺炉火纯青。"天圆地方"是中国传统的宇宙观，不但建筑受其影响，还融入到家具的设计中。圈椅是方与圆相结合的造型，上圆下方，以圆为主旋律，圆是和谐，象征幸福；方是稳健，宁静致远。从审美角度审视，圈椅的造型美和线条美与书法艺术有异曲同工之妙，又具有中国泼墨写意画的意蕴，符合现代人的审美观点。圈椅的扶手与搭背形成的斜度、圈椅的弧度、座位的高度，这"三度"的比例协调，构筑了完美的艺术想象空间。[图片参考《故宫博物院藏文物珍品大系·明清家具（上、下）》]

明式家具灯挂椅（一）

【作品时间】15 世纪至 17 世纪

灯挂椅线条流畅，造型优美，椅盘下安罗锅枨加矮老而不安牙条，透光疏朗，更显空灵。弯弧的圆材搭脑与后腿圆材上截以飘肩榫交接，下截穿过椅盘成为方材腿足。木纹华美的一弯靠背板上端嵌入搭脑下方，下端嵌入椅盘后大边。椅盘用格角榫攒边框，座面起鼓落堂安装，下有两根穿带支承。椅盘边抹上下压线，中起混面。方材前腿上出双榫纳入椅盘边框。腿足间座面下前方与左右两边安方材罗锅枨，加两根矮老。后方为短素牙子。腿足间安踏脚枨及步步高管脚枨，踏脚枨与后方枨子出透榫。［图片参考《故宫博物院藏文物珍品大系·明清家具（上、下）》］

明式家具灯挂椅（二）

【作品时间】15 世纪至 17 世纪

明式家具高背灯挂椅，以其背部比一般灯挂椅高出许多而得名。灯挂椅是一种没有扶手的靠背椅，但其搭脑两端要与两侧立柱相交后出头。灯挂，即用来挂油灯、灯盏之类的座托，可挂于灶壁，过去为家家必备之物。灯挂的座托平而提梁高，靠背椅中造型和它近似的即称为"灯挂椅"。灯挂椅是一种历史很悠久的汉族椅式家具，五代时期已经出现。明代灯挂椅的造型整体感觉挺拔向上、简洁清秀，这是明代家居造型的特点，可以说是明代家具的代表作。［图片参考《故宫博物院藏文物珍品大系·明清家具（上、下）》］

明式家具玫瑰椅

【作品时间】15 世纪至 17 世纪

玫瑰椅是一种靠背和扶手都比较矮（两者的高度相差不大），且靠背、扶手与椅盘之间相互垂直的一种椅子。这种椅子在宋代画本中多次出现，可见是当时流行的一种椅子形态。玫瑰椅在明清时期被广泛使用，逐渐成为定式。[图片参考《故宫博物院藏文物珍品大系·明清家具（上、下）》]

明式家具八足托泥圆凳

【作品时间】15 世纪至 17 世纪

托泥出现于南北朝时期，是在椅凳、床榻、桌案类的脚下端所加的底框，以免腿脚扎入土地当中，起承托作用。同时，托泥还起到加固家具的作用。［图片参考《故宫博物院藏文物珍品大系·明清家具（上、下）》］

脚踏式交杌

【作品时间】15 世纪至 17 世纪

胡床也称"交杌""马扎",指腿足相交的杌凳。交杌的形制有小交杌、无踏床交杌、有踏床交杌、上折式交杌四种。有踏床交杌的杌面及杌足之下的横材用四根方材,杌足用四根圆材,在穿铆轴钉的部位,杌足断面采用方材以增加强度。交杌的踏床两端留出圆轴插入杌足端部的卯眼,使踏床成为可以拆卸的附件。在折叠时,踏床可以取下或翻转,便于携带。上折式交杌的杌面用可以折叠、中间装有直棂的木框构成。在折叠时,需要将杌面向上提折。胡床一般流行于宫廷和贵族之间,是在战争和狩猎时使用的家具。因此便有了"踞胡床,垂足而坐"的说法。这说明当时在社会的上层,胡床已经开始影响人们的起居方式。[图片参考《故宫博物院藏文物珍品大系·明清家具(上、下)》]

民间流行的简约式交椅

【作品时间】15 世纪至 17 世纪

交椅由域外传入，在北宋晚期发展到家喻户晓，朝野皆用。比如北宋张择端的《清明上河图》中，有几处很普通的住家和店铺都使用了交椅。交椅在南宋的使用更为广泛，随着商品多样化以及社会风尚的转变，这种随处可见的折叠坐具不再是豪门贵族使用的奢侈品。所有的资料都能说明交椅的演变是一个逐渐适应的过程，其越来越适合人的尺度，给人带来更为舒适的感受。（图片参考广东台山伍炳亮黄花梨艺博馆藏品）

明式黄花梨雕花靠背椅

【作品时间】15 世纪至 17 世纪

该作品座面为 62.5×42（厘米），通高 99.5 厘米。这把靠背椅的椅背制作极精，雕饰之繁缛，题材之丰富，十分罕见。攒靠背上的草书"寿"字和嘉靖雕漆器上的花纹相似，据此可推断其年代为明中期。现在尚有争论的是靠背和底座是否为一器。底座四面平式，完全光素，犹如一件大长方凳，与靠背并不协调，而且从结构来看，靠背的安装方法也不够合理。因而有人怀疑靠背可能是从直后背交椅移植到台座上来的。不过无论如何它都是一件十分难得并值得做进一步研究的家具。（图片参考《明清家具·博物馆绘本》）

明式黄花梨木束腰齐牙条炕桌

【作品时间】15 世纪至 17 世纪

黄花梨木束腰齐牙条炕桌是明代复古类家具。炕桌在我国北方使用较多，是便于炕上使用的一种矮桌。这件家具采用齐牙条的做法，即牙条与桌腿不是 45 度斜面相接，而是作垂直面相接。（图片参考《明清家具·博物馆绘本》）

明式梳背椅

【作品时间】15 世纪至 17 世纪

椅背部分用圆梗均匀排列的一种靠背椅,与笔梗椅的差别是满排而不设虚靠背部分。椅子命名一般都很形象,如官帽椅、圈椅,梳背椅的命名也是遵循了这一原则。梳背椅按形制可分为两种,一种是靠背椅,一种是扶手椅。不管是靠背椅还是扶手椅,其靠背内都嵌有垂直于座面的直梗。没有扶手的靠背椅若靠背内嵌有垂直于座面的直梗,则称为"一统碑梳背椅"。若扶手椅的靠背与扶手都嵌有垂直于座面的直梗,则是"带扶手的梳背椅",如直梗围子玫瑰椅。(图片参考《中国传统家具图史》)

明代紫檀藤面围屏罗汉床

【作品时间】15 世纪至 17 世纪

床体紫檀木制，座面攒框落堂镶板，罩黑漆面心。面下打洼束腰，长牙条，三垂洼堂肚，鼓腿膨牙，内翻马蹄。床面上有三屏式床围，用走马销连接，均有活榫可以开合。三个屏框内有植物纹样，造型富于变化，与大体块紫檀木相映衬。（图片参考《中国传统家具图史》）

明式雕荷花纹宝座

【作品时间】15 世纪至 17 世纪

宝座通体使用紫檀木。座面方中带圆，素面。座面以下束腰，鼓腿膨牙，带托泥。靠背、扶手做成七屏式，活榫安装。宝座整体满饰荷花、荷叶纹，靠背枕头处以宽厚横木雕成一柄荷叶形，雕工光滑圆润。此宝座属单独陈设类的家具，在宫中往往和屏风、宫扇共用，设在屋宇明间的正中，位置固定而不轻易挪动。宝座取材厚重、木质精美、造型圆浑、舒适耐用。宝座上的荷花、叶、梗、藕皆以自然形态布满整体，颇类元明时期雕漆花卉器物上的雕刻手法，在传世的明代家具中仅此一件。（图片参考《中国传统家具图史》）

明式联二橱

【作品时间】15 世纪至 17 世纪

这是一件做工精细、工艺娴熟、雕纹精湛的联二橱。其面长112厘米，正面的各部位都满雕铲地螭纹，龙尾卷曲，明式风格明显。屉面浮雕正中设计下垂云头，有意留出空间安放铜制饰件和拉手，两者配合完美。闷户橱上的面叶以圆形、方形较为常见，而此橱为窄长的面叶提供了实例。（图片参考《中国传统家具图史》）

明式黄花梨一腿三牙罗锅枨方桌

【作品时间】15 世纪至 17 世纪

　　"一腿三牙"是明代家具的一个重要特点，就是除了在腿子的左右有牙子以外，还在与台面成 45 度角的腿子上再加一个牙子。桌面四角下方另装小牙头，形成一腿三牙，共同支撑桌面和固定四腿。四腿侧角收分明显，腿足上端向内倾斜较多。故桌面喷出较大，角牙也可以做得大些，显得敦厚纯朴。此桌具有十分典型的明代家具特点，其造型简洁明快、线条流畅、稳重大方，无雕刻装饰，毫无拖泥带水的迹象。简洁造型和不施装饰反映了明代文人追求自然、古朴、高雅、精致的精神境界。（图片参考《中国传统家具图史》）

清式家具

第六节

1664 年清兵入关，大清王朝的建立为中原大地带来了一种全新的不同于中原儒家思想的意识形态，带来了思想大变革。到了康熙前期社会稳定，手工业、商业、对外贸易都发展到一个全新的规模和水平。全国上下呈现出一片繁荣的景象，为新式家具的发展提供了良好的社会条件。

清早期家具仍延续了明式家具简约的风格，但到了清中期以后，在康乾盛世时期，社会财富极大丰富，大兴土木工程营造皇家园林。皇帝为了显示其皇权的威严，对皇制家具的形制、用料、尺寸、装饰等方面均作出了较大的改变。工匠为了完成皇上的旨意，在家具造型和装饰上均以用料厚重、尺度宏大、雕饰繁复、富丽堂皇的手法来显现皇家的正统与威严，一改明式家具简洁雅致的韵味。皇帝的追求逐渐变成了清代权贵的共同追求，即追求物质生活的享受和极端夸张、奢靡的家具形态。自此，清式家具便有了炫富的新功能。

清式家具多集中于广州、苏州和北京，史称"广作""苏作"和"京作"，并形成了各自的风格。

康乾盛世时期，由于西方传教士来华传播西方先进的科学技术和文化艺术，因此，效法西方家具造型与工艺的清式家具得以广为流传。

夸张的造型和过分的装饰给家具带来过于厚重而俊秀不足的笨重感。这种追求富丽华贵、繁缛雕饰的家具与传统的家具风格有了明显的区别，被后人称为"清式家具"。

清式家具运用透雕、半透雕、浮雕、圆雕等各种雕刻装饰手法，而且雕刻题材丰富多彩，传统与西方的装饰图案混合使用。除了雕刻外、漆雕、镶嵌、彩绘均异彩纷呈，而且多为综合应用，如黑漆五彩螺钿家具。这些使得家具装饰工艺在中国家具史上形成了一个新的高峰。

清早期榉木矮躺椅

【作品时间】清代早期

此类躺椅存世较少，学术和收藏价值颇高。此椅由躺椅和可以收纳的脚踏两部分组成。躺椅靠背和扶手为五屏风式，较一般形制低矮许多。靠背中间为卷书式搭脑，两侧攒拐子。扶手长度只有座面的一半，鹅脖和连帮棍都呈波浪形，新颖活泼。软藤座面、管脚枨与座面间装矮老，起到加固的作用，结构美观合理。（图片参考广东台山伍炳亮黄花梨艺博馆藏品）

清式檀木仿竹椅多宝格

【作品时间】清代中期

清式檀木仿竹椅多宝格，现藏上海博物馆。底座长宽各 162 厘米、连座高 224 厘米。多宝格是清中期出现的格式柜架，造型具有中西合璧的艺术特征：正面帽顶下圆雕的凤鸟形象如同西方之鹰像；用彩色压花玻璃制成的格门等。三弯腿采用传统题材——兰花；而且处处可见龙纹、八宝蝙蝠、竹节等中国古代的吉祥纹样。（图片参考《明清家具·博物馆绘本》）

清式云龙纹宝座

【作品时间】清代中期

宝座是皇帝的专座，是权力和威望的象征，在宫廷家具中占有重要的地位，其选材、造型、装饰乃至整个制作过程都相当严格。此宝座乃宫中一系列五屏宝座中的一件，座上五扇屏围，均为可开合的活榫。此座造型庄严尊贵，五屏风式座围上以雕填手法饰以云纹、龙纹及海水江崖纹，座面点缀各式花卉，纹饰瑰丽，造工稳重精细。（图片参考《明清家具·博物馆绘本》）

清式紫檀木雕云龙纹宝座

【作品时间】清代中期

宝座为中国古代椅子中等级最高的坐具。此宝座曾为皇帝御用，繁缛重雕，几无留白，并以龙纹作为主题装饰。结构上采用三屏风的形式，即用三块围子构成宝座的靠背和扶手。（图片参考《明清家具·博物馆绘本》）

清式紫檀宝座

【作品时间】清代中期

清雍正紫檀列屏式有束腰宝座，通体紫檀木制，五屏风式座围雕夔龙纹，以边框和面板的榫接法组成。搭脑后卷，面下束腰，上下各起阳线。鼓腿膨牙，牙条下垂洼堂肚，雕云纹。卷云马蹄，下承拖泥。整个宝座设计巧妙，在有限的空间内严格遵循礼制，借束腰承托接转，腿足膨出，从而在同样大小的面沿下构造出更大的空间框架，使得底座部分的视觉感受更为稳定且富有张力。宝座上部围屏式靠板的夔龙纹主题位于金字塔式格局的中心，更为引人瞩目。（图片参考《明清家具·博物馆绘本》）

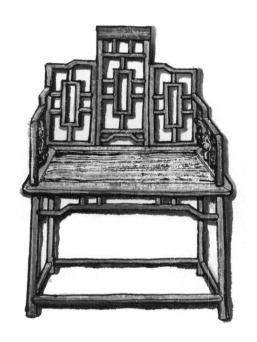

清式小扶手椅

―――――――――

【作品时间】清代中期

扶手椅由屏风式罗汉床和宝座演变而成，有别于普通的椅子。这类坐具端庄稳重，颇有威仪和气势。此椅的一些工艺特征，如藤编软屉座面、牙子与束腰一木连做、典雅的雕饰，以及较大的尺寸都显示出较早的时代特征，是传世清式扶手椅中的佼佼者。（图片参考广东台山伍炳亮黄花梨艺博馆藏品）

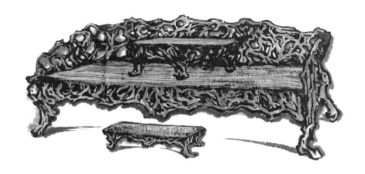

天然根雕宫廷罗汉床

【作品时间】 清代中期

该作品为御用成套根雕罗床，包括床上的几，床前的脚踏，床的屏板、腿、牙板等均采用天然树根和古藤制作。匠心独具、自然天成、工艺精美是中国根雕家具的共同特征。（图片参考《中国传统家具图史》）

清式民间扶手椅

【作品时间】清代中期

该作品从清式太师椅演变而来，变得更为轻巧活泼。曲线边的座面、纤细的倒钩形、变形的三弯腿、靠背中心的大理石装饰，都表明该扶手椅为清代广式家具。（图片参考广东台山伍炳亮黄花梨艺博馆藏品）

清式紫檀四开光番草纹坐墩

【作品时间】清代中期

该作品造型瘦高，与明式大异，鼓钉变为朵云形，上下又增两道条纹及扁圆的连环纹，四足及牙子均为浮雕翻卷的花叶，清《内务府陈设档》及《则例》称之为"番草"，这是受欧洲洛可可式风格的影响。乾隆年制与此风格相似的有花梨紫檀桌椅，而传世坐墩只此一件。［图片参考《故宫博物院藏文物珍品大系·明清家具（上、下）》］

清式紫檀木海棠式座面机凳

【作品时间】清代中期

材料为紫檀木，座面为海棠图案，带束腰，鼓腿膨牙处为西番莲浅浮雕。清代受西方文化影响，喜欢在家具上装饰洛可可纹样，这种纹样繁密对称，使当时的家具体现出中西结合的形态。（图片参考《明清家具·博物馆绘本》）

清式剔红方桌与凳

【作品时间】清代中期

明代黄成在《髹饰录》中写到："剔红，即雕红漆也……宋元之制，藏锋清楚，隐起圆滑，纤细精致。"这套家具用的就是剔红工艺装饰，在木胎骨上层层髹红漆，至一定的厚度，半干时描上画稿，然后雕刻花纹。以锦纹为地，花纹隐起，更显华美富丽。（图片参考《明清家具·博物馆绘本》）

清式炕几

【作品时间】清代中期

炕几是放在床榻或炕上使用的矮型几类。该作品圆润通透，三弯短腿，足部为球形，腿部以云形构件连贯成一体。表面用大红中国漆涂装，在光线欠佳的炕上显得醒目可爱。（图片参考《国粹图典·家具》）

第五章 19世纪家具

19世纪初至中叶，资产阶级在法国取得了胜利，资本主义的生产方式使得法国的经济得到了迅速发展。英国的维多利亚时期是资产阶级的上升时期，绅士们的日子舒适而富裕。工业革命带来了财富的大增，但艺术品位和风格的转变远远滞后于经济的发展，没落封建贵族的审美趣味依然影响着新兴的资产阶级，家具仍以工厂化的生产方式仿制着各种历史时期中的混合式古典家具，以满足新兴资产阶级追求浮华虚荣的炫富心理，维多利亚式便是典型的代表。但这一现象也引起了部分社会学家和设计师的不满，并对此进行了痛斥，所以就发起了影响深远的工艺美术运动和新艺术运动。

19世纪的中国则是在西方列强的坚枪利炮之下开始从盛世走向衰落。鸦片战争之前清朝解除海禁，开海贸易。1757 年，清朝宣布港口通商，广州成为中西贸易的港口。鸦片战争后，中国被迫作出更大范围的进一步对外开放。国人睁眼看世界，中国已不再是"国威远播，万国来朝"的景象了，而是沦为半殖民地半封建社会。有识之士发起了洋务运动和戊戌变法，在此大背景下也促成了 19 世纪中国广式家具的流行。

第一节 英国维多利亚时期的家具

维多利亚时期的资产阶级处于上升趋势，英国成为"日不落帝国"，奢侈之风盛行，加上商业化的生产方式，使得这一时期的家具风格并非一种严谨的古典风格，而是表现为一种实用主义的折中设计。

维多利亚时期的家具经常将历史上早期各种不同的元素拼凑在一起，是各种风格掺杂混合的折中主义的产物。在这一时期出现了两种相互矛盾的趋向，一种是传统的，另一种是现代的。维多利亚时期的家具可以分为三个阶段，即早期、中期和后期，各有不同的表现。维多利亚早期（1837年至1855年）主要关心的是使用者体感的舒适性，以商业化的方式进行生产，各种风格的零部件组装在一件产品上。曲线造型虽然继续应用，但大多趋向简洁，追求坐感的舒适，是走向现代的开始。

维多利亚中期（1855 年至 1870 年）的发展趋势是减少曲线的使用，人们提高了对直线和软包造型的兴趣，外露的扶手和脚型与软包的结合是这一时期坐具的特征。17世纪 60 年代，受路易十四复兴风格的影响，镶嵌细木工、瓷片饰板和仿金铜箔镶嵌等工艺得以复苏和应用。

维多利亚后期（1870 年至 1901 年），商业化的生产呈现出纷繁复杂的多样性和逐新猎奇的特点，几乎对历史上有过的家具风格都进行了复制。

维多利亚早期伊丽莎白式椅子

【作品时间】1837 年至 1901 年

维多利亚早期的家具没有可供明确辨认的风格，多为折中主义的多种风格的混合。绳形构件被广泛应用，拱形透雕的顶饰，包覆精美布艺的坐垫，充分表达了 17 世纪风格的怀旧情绪。（图片参考《西方家具集成》）

英国维多利亚时期珍品橱

【作品时间】1837 年至 1901 年

由于当时工业发达，经济繁荣，社会各阶层拥有充分的财力享受生活，因而造就了奢丽而浓艳的装饰风尚。该作品综合接受了多种历史风格，包括中国风的影响，将极端烦琐细腻的雕刻装饰拼合在一起，形成了维多利亚式的家具特色。该作品曾参展 1867 年巴黎世博会。（图片参考《西洋家具的发展》）

英国维多利亚时期复古边橱

【作品时间】1837 年至 1901 年

　　该作品明显受到了路易十五式和中式家具的影响。上部为柜，下部为边桌，是两者的组合体。该作品曾参展 1862 年伦敦世博会。（图片参考《西洋家具的发展》）

新巴洛克式圆牌桌

【作品时间】1837 年至 1901 年

新巴洛克是维多利亚时期的复古风格之一。该设计的结构功能特点是，当游戏结束后，活动的桌面可以翻转 90 度，和三足的脚架垂直地靠在一起。现藏于维多利亚阿尔伯特博物馆。（图片参考《西方家具集成》）

维多利亚时期软包靠椅

【作品时间】1837 年至 1901 年

该作品明显地再现了洛可可式坐具风格，优美的曲线、精美的雕刻，以及天鹅绒软包，形成了一种清新的浪漫情调。（图片参考《西洋家具的发展》）

维多利亚时期美国靠椅

【作品时间】1837 年至 1901 年

该作品采用繁茂的植物图案透雕装饰、优雅的弯腿与木构件形状精确吻合的坐垫软包，形成了美国维多利亚式的风格特征，只是装饰都较为单纯。（图片参考《西洋家具的发展》）

第二节 工艺美术运动及其家具

　　从1850年，即维多利亚中后期开始，至1920年的工艺美术运动，是一场关乎道德、社会、政治、工业美学等一系列问题的思想运动和艺术实践。严格地说，它并非一种风格流派，它更多关心的是哲学和社会学的问题。其宗旨是艺术与技术的结合，但又反对批量生产，在装饰上反对矫揉造作的古典复兴风格，主张在设计上回溯到中世纪的传统，恢复手工艺行会。其主张设计的真实、诚挚，主张形式与功能的统一，主张装饰上师法自然，推荐东方特别是日本式的装饰特征。设计中大量采用卷草、花卉、鸟类等装饰图案。

　　这场运动的理论指导是作家约翰·拉斯金，而运动的主要实践者是艺术家和设计师威廉·莫里斯，他企图以手工产品来满足大众的需求，逆工业化而动，这就注定了这场运动的失败。但是，工艺美术运动的思想波及全世界，对后来的设计运动产生了积极的影响。

莫里斯躺椅

【作品时间】1870 年至 1880 年 【作品作者】韦布

这件命名为"莫里斯"的椅子出自莫里斯商行，由韦布设计。莫里斯椅的靠背角度可调，坐垫和靠背均为独立的垫块，便于清洗更换，这些都是该设计的特点和优点。（图片参考《西方家具集成》）

苏塞克斯椅

【作品时间】1865 年前后 【作品作者】布朗

19 世纪晚期开始，由艺术家对家具进行简化设计的做法受到欢迎。该椅由拉斐尔前派艺术家罗塞蒂的老师布朗于 1865 年前后设计。但也有人认为该作品的作者是莫里斯。（图片参考《西方家具集成》）

安东尼·高迪的雕刻扶手椅

【作品时间】1902 年 【作品作者】安东尼·高迪

该作品打破了传统的对称形式，将充满雕塑感的造型元素运用于家具设计。心形靠背、弯曲的扶手、球茎状椅脚等，表现出生命和灵感。（图片参考《西方家具集成》）

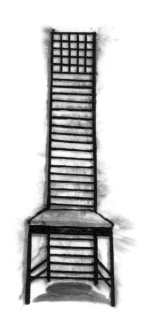

麦金托什的高背椅

【作品时间】1865 年 【作品作者】麦金托什

该作品是英国新艺术运动代表人物麦金托什为希尔住宅白色的卧室设计的黑色高背椅。他主张用简洁的直线和明快的色彩从事家具设计。该作品座面窄小、靠背垂直，坐感并不舒适，其装饰功能大于使用价值。（图片参考《西方家具集成》）

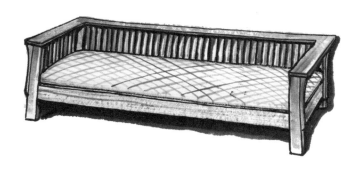

木制长沙发

【作品时间】1905 年至 1910 年 【作品作者】古斯塔夫·斯蒂克利

美国工艺美术运动的代表人物斯蒂克利设计的木制长沙发，以平直线条为主，利用木材的材质，以此塑造手工艺家具的特点。（图片参考《西方现代家具史论》）

第三节 新艺术运动及其家具

　　新艺术运动是 19 世纪末至 20 世纪初在法国、比利时等国，继工艺美术运动之后兴起的一场设计改革运动。其宗旨在于颠覆传统应用艺术和美术已经建立起来的原则。

　　新艺术运动的作品表现出对自然的回归，自然主义风格成为新艺术运动的主要特征。

　　新艺术运动遍及欧洲多个国家和地区，但各有不同的表现。如法国、比利时、意大利和西班牙的设计以曲线与自然形态为特征，而英国的麦金托什则以夸大的直立式造型来宣扬个性。

　　新艺术运动是一场短命的改革，很快就被装饰艺术运动所取代，但作为现代设计运动的一个阶段，其从传统经典风格的羁绊中解脱出来的企图仍具有积极的意义。

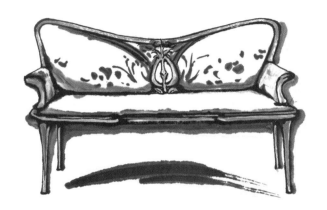

新艺术运动中的巴黎展会沙发

【作品时间】1895 年至 1910 年

该设计为有机造型，由雕工精美的镀金图案装饰，带有绣饰的丝绸坐垫与靠背软包，具有女性化的精致与华丽。尽管新艺术运动主张要摆脱历史，但该作品仍与 18 世纪的法国沙发极为相似。（图片参考《世界现代家具杰作》）

比利时威尔德的扶手椅

【作品时间】1895 年至 1910 年 【作品作者】亨利·凡·德·威尔德

威尔德曾经是新艺术运动最热心的拥护者，他曾接受绘画和建筑师的训练，后来成为一名设计师。他的作品以流线型的木制构架和带有几何图案的软包装饰设计为特征。（图片参考《世界现代家具杰作》）

比利时威尔德的餐椅

【作品时间】1898 年　【作品作者】亨利·凡·德·威尔德

威尔德提出的最高设计原则是：产品设计结构合理、选材严格、功能适用。这就突破了只追求产品形式，不顾产品功能的局限性。该餐椅设计形态简约、功能合理，较好地体现了现代家具的设计原则。（图片参考《西方设计史》）

法国盖勒的矮衣柜

【作品时间】1895 年至 1910 年 【作品作者】艾米尔·盖勒

盖勒是法国新艺术运动南锡派的代表人物。该作品立面为简约的矩形，顶面四周为外凸的曲线边沿，下部为优雅的三弯腿，柜面采用不同色泽的木材进行植物图案的镶嵌装饰，没有繁复的雕刻装饰，体现了新艺术运动的宗旨。（图片参考《西方现代家具史论》）

第四节　广式家具

　　明代时期，中国家具由苏式家具独领风骚，到了清代才出现广式家具，广式家具的流行和大发展是在清中期以后。

　　广州地处我国门户开放的前沿，既是中国南方的贸易大港，又是与国外海上交往最早的城市，是东南亚优质木材进口和家具贸易的主要通道。另外，清代的广东商业和手工业也都相当发达。正是由于天时、地利、人和等条件，使得广东家具领先突破了传统家具的原有格式，大胆地吸收了西方豪华奔放、高雅华贵的曲线造型的家具形式，并在以传统家具为基础的形制上创造了崭新的广式家具。其艺术形式由明式素雅简约的造型逐渐被多变的、富有动感的曲线造型所取代，表现为追求富丽、豪华、厚重、婉约的风格。同时还采用大理石、螺钿等各种装饰材料，融合多种艺术表现手法，从而形成了广式家具鲜明的地域风格和时代特征，常用的木材是紫檀与酸枝。相对于苏式家具而言，广式家具更显皇族的威严与气派。

广式龙凤雕饰博古大柜

【作品时间】17 世纪末至 18 世纪

大柜满布雕饰，柜腿较高，三弯腿，前牙板雕以立体簇拥大牡丹，四柱刻老柤分枝梅花，上屏刻云龙及双凤。柜体气势宏大，充分表现了这一时期广东酸枝家居装饰的特色，现藏于广东省博物馆。（图片参考《清代广式家具》）

酸枝镂雕龙纹扶手大椅

【作品时间】17 世纪末至 18 世纪

该作品用料粗大，通体为镂雕龙纹，所以也称"龙椅"。椅四足为三弯腿，虎爪足，形制硕大稳重，雕饰繁复，是清代中后期受欧洲巴洛克家具影响而形成的家具装饰风格。现藏于广东省博物馆。（图片参考《清代广式家具》）

广式酸枝高屏镶理石长椅

【作品时间】17 世纪末至 18 世纪

该作品采用高屏斗钩和内收撑直腿，结构上显得紧凑稳定，光斗钩又称"鸭尾式"，是清代晚期广式家具常见的形式。它由清代初期的方角扁卷云样式演变而来。（图片参考《清代广式家具》）

广式西洋花雕饰靠背椅

【作品时间】17世纪末至18世纪

该作品靠背镶理石，边饰为连珠纹，两侧和托枕均为西洋花纹。前牙板稍突出，俗称"蟹壳"。兽头足、工字枨，线条均匀流畅，形式新颖。（图片参考《清代广式家具》）

卷云雕饰太师椅

【作品时间】17 世纪末至 18 世纪

该作品靠背为直板式，枕部向后弯曲成书卷式，背板上镌刻寿字纹，背板两侧和扶手下方均为斗钩雕饰。形式简朴，大方严谨。（图片参考《清代广式家具》）

广式酸枝眼镜式镶理石贵妃床

【作品时间】17 世纪末至 18 世纪

贵妃床是半床，或叫白日床的一种。其形式轻巧灵秀，造型以曲线为主。前脚为八字虎爪腿，也是三弯腿的变形。靠背有两圆形理石，形似当时的眼镜，故称"眼镜式"，是明末清初产品。（图片参考《清代广式家具》）

广式仿西洋镶理石扶手椅

【作品时间】17 世纪末至 18 世纪

该作品从靠背延伸而出的扶手呈涡卷形大曲线，安妮女王式弯腿，前牙板外突，表面无雕饰。
（图片参考广东台山伍炳亮黄花梨艺博馆藏品）

广式酸枝镶理石扶手椅

【作品时间】17 世纪末至 18 世纪

该椅以长方形为基调，扶手和靠背均以斗钩形式为构件，椅背板镶理石，四腿为内弯式马蹄腿，无拉脚档，更显轻巧。（图片参考《清代广式家具》）

鳌鱼腿圆形矮椅

【作品时间】17 世纪末至 18 世纪

该作品椅座和扶手均为圆形，搭脑为半圆形书卷状，扶手下为扣环形饰，四腿为鳌鱼状雕饰。椅座宽大而椅腿短小，有休闲椅的功能。（图片参考《清代广式家具》）

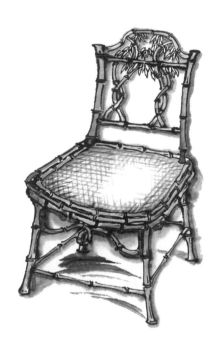

广式竹节纹靠椅

【作品时间】17 世纪末至 18 世纪

椅座周边由三圈竹节纹构成，搭脑处呈拱形并饰以竹叶雕。四足端微微外倾，牙板均以弯曲的竹枝、竹叶进行装饰。（图片参考《清代广式家具》）

广式多用功能柜

【作品时间】17 世纪末至 18 世纪

该作品类似于西洋的柜式写字台，上部柜面伸出，下部搁板内凹，以便于站立写字。柜侧面有四个小抽屉，便于收藏文具与小件。柜体用中西交融的纹样雕刻装饰。（图片参考《清代广式家具》）

广式紫檀镶理石双连小几

【作品时间】17 世纪末至 18 世纪

该作品由一高一低两小几通过腿连成一整体，错落有致、相辅相成。常置于台架之上，用以摆设古玩或盆栽。（图片参考《清代广式家具》）

广式酸枝镂雕梅花镶石大几

【作品时间】17 世纪末至 18 世纪

该作品的形制与法国洛可可式的台桌类家具相仿，高挑的三弯腿与镂雕梅花形牙板连为一体，拉脚档高高隆起，在中部与一杯形饰物紧紧连接。该几形态优雅，具有洛可可式的女性美。（图片参考《清代广式家具》）

广式镶理石座屏

【作品时间】17 世纪末至 18 世纪

该作品是置于台架上的装饰物品。理石的纹理宛如写意山水，云烟弥漫、变幻无穷。座屏下方为草尾龙图案雕饰，雕工精致。（图片参考《清代广式家具》）

第
六
章

20世纪家具

　　20世纪是人类发展史上最辉煌的一个世纪，它所取得的成就超越了人类以往全部发展史的总和。现代家具的发展与现代科技、现代艺术、现代建筑的发展同步，在百余年的历史发展进程中，经历了一波又一波的设计运动和风格流派的演变、更迭与转换，涌现了一代又一代的设计大师和设计新锐，产生了一批又一批的现代家具经典之作，形成了一大批有全球影响力的著名家具品牌和公司，产生了许多现代家具设计的创新理论和思想，形成了以德国、意大利、北欧为中心的现代家具流派和区域经济中心。

　　本书仅对20世纪最有影响的包豪斯设计思想与设计作品、消费主义的美国设计、质朴的北欧家具、波普艺术与激进设计、后现代主义设计、多元化的现代风格等进行梳理与归纳，并对具有代表性的设计师和作品予以推介，以求全视角反映20世纪现代家具的发展脉络。

  虽然清末以来，中国家具的沉寂与断层使中国家具与世界家具发展的差距拉大。但在中西家具文化交融的过程中，在继承传统的同时仍孕育了海派家具，也促进了民国家具的发展，特别是 20 世纪下半叶先有台湾地区现代家具业的繁荣，后有 80 年代因改革开放所带来的全国现代家具产业的迅速崛起，并在文化自信的基础上，涌现了一大批年轻的设计师，开发出了与时代同步的中国式现代家具——新中式。

第
一
节

现代家具的
早期表达

　　索耐特曲木椅是一类与传统家具有着完全不同形态与表情的工业化生产的现代家具产品。

　　曲木椅的成功建立在弯曲木技术成熟的基础之上。这一技术的出现标志着以机器大生产为基础的现代设计的开端，在现代设计以前就含蓄地否定了手工艺的概念。

　　索耐特 14 号椅是最具代表性的一件作品，其优雅流畅的曲线以及轻快纤巧的形体，给人以轻巧空灵之感。被现代设计大师勒·柯布西耶称之为"椅子中最可爱的贵族"。无论是陈设在装潢考究的沙龙，还是神气十足的客厅，或者是悠闲自得的咖啡馆，索耐特 14 号椅都会产生协调的效果。这类椅子可以以零件的形式运输，到了用户手中再进行组装，大大节省了仓储和运输费用。其产品设计较好地适应了大规模批量化生产的需要，既是物美价廉的市场产品，也是 19 世纪至 20 世纪最为成功的椅子之一。

曲木家具索耐特 14 号椅

【作品时间】1859 年 【作品作者】索耐特

14 号椅从 1859 年开始生产。整个椅子由六根直径为 3 厘米的曲木和十个螺钉构成。造型和结构均完美无缺，实现了零部件贮藏和成品现场组装的现代生产管理模式。（图片参考《西方家具集成》）

曲木家具索耐特 209 号椅

【作品时间】1862 年 【作品作者】索耐特

209 号椅自1862 年开始生产，是索耐特作品中具有代表性的种类之一。扶手和靠背由一根曲木构成，曲线流畅自如。1925 年出现在巴黎世博会上，于勒·柯布西耶设计的新精神馆里使用了这件作品，因此有人将其称为勒·柯布西耶椅。（图片参考《西方家具集成》）

曲木家具索耐特 25 号摇椅

【作品时间】1862 年　【作品作者】索耐特

该曲木摇椅编号是 25 号，自 1862 年开始生产。框架部分只有八个部件，由螺钉连接而成。椅子的座面及靠背均由藤皮编结而成。（图片参考《西方家具集成》）

曲木家具索耐特 1 号椅

【作品时间】1842 年 【作品作者】索耐特

索耐特 1 号椅脱胎于 1842 年制造的列支敦士登椅，整体风格已开始脱离新洛可可风格的柔弱曲线，前腿改为实木弯腿，后腿及靠背仍采用弯曲木。（图片参考《西方家具集成》）

第二节　装饰艺术运动及其家具

装饰艺术运动兴起于 1905 年左右，1925 年至 1935 年为其全盛期，1925 年在巴黎举办的装饰艺术与现代工业国际博览会是装饰艺术的首次国际性大展。这场运动几乎是新艺术运动的延续，是一场反对矫饰的设计革新运动。其设计作品的主要特征是直线形、几何式、对称、古典。为了突显豪华的气质，在设计风格上充满异域情调，注意民族艺术特色的发挥，不拘泥于传统，注重名贵用材、新材料、新技术的应用。装饰艺术运动的作品不以功能性作为设计的目标。

装饰艺术运动与现代主义运动的主要派别——风格派和包豪斯几乎同时进行，但装饰艺术运动注重的是装饰本身，而非功能。而且包含的内容更复杂、广泛，加上自身的保守性，所以未能担当起现代设计的重任。装饰艺术运动在很大程度上仍然是传统的设计运动，服务的对象仍是上层社会。装饰艺术运动派别林立，没有统一的设计理念与主张，有的追求贵族化的时尚风格，有的追求通俗化的装饰艺术，也有现代化的国际派、温和的折中派，以及极端保守的历史主义派等。

从事过家具设计且留下了不少作品的设计师有雅克·埃米尔·鲁尔曼和艾琳·格蕾。

艾琳·格蕾的独木舟贵妇榻

【作品时间】1920 年至 1930 年 【作品作者】艾琳·格蕾

该作品为纯手工制作，外形酷似非洲传统的独木舟。沙发表面用金漆涂饰，与内侧的银饰形成强烈对比。脚部轮廓似波浪形和拱形。（图片参考《西方家具集成》）

艾琳·格蕾的沙发边桌

【作品时间】1920 年至 1930 年 【作品作者】艾琳·格蕾

该作品造型简约，榫接结构精致合理，可放在沙发边供随手存取书报，具有现代家具的基本特征。（图片参考《世界现代家具发展史》）

雅克·埃米尔·鲁尔曼的角柜

【作品时间】1920 年至 1930 年 【作品作者】雅克·埃米尔·鲁尔曼

该作品的柜门采用了一大篮盛开的鲜花作装饰，带有新古典主义的装饰图案和直线的锥形腿，形成了自己的装饰特色，简洁的几何外形与复杂的表面装饰形成了鲜明的对比，传统与现代交织在一起，满足了当时中产阶级的口味。（图片参考《世界现代家具发展史》）

贾洛特的邦布水果五斗橱

【作品时间】1925 年 【作品作者】贾洛特

该作品在 1925 年巴黎世博会的法国馆中展出，是典型的法国装饰艺术运动的代表作。其造型为梨形或女体形，黑檀木的表面用蚌壳材料的拉手点缀和象牙饰件镶边。（图片参考《世界现代家具发展史》）

让·杜南的漆桌

【作品时间】1920 年至 1930 年 【作品作者】让·杜南

杜南的作品一般都是精致的手工艺品。在简洁形态的表面施以中国式的黑漆，并饰以几何形的抽象图案。作品受到了当时中产阶级的欢迎，并带来廉价仿造的高潮。（图片参考《世界现代家具发展史》）

及其家具 现代主义设计运动

第三节

现代主义设计运动是 20 世纪初，受欧洲社会进步力量和思想意识的推动而发起的一场针对传统意识形态的革命。

现代主义运动的设计师为了寻求代表新时代的形式和改变设计现状，开始在设计观念、产品形式和家具材料等方面进行探索。现代主义设计运动主要集中在德国的工业同盟和包豪斯学院，俄国的构成主义和荷兰的风格派等运动中。现代主义运动是由一小批精英知识分子发动的一场革命性的设计运动，是对设计长期服务于权贵阶层的一种突破。现代主义的基本理论是功能第一的功能主义，即形式服从功能，反对装饰，装饰就是犯罪，提倡非装饰的、简约的、抽象的几何体造型，倡导产品标准化和批量化生产的原则。

　　包豪斯还提出了艺术与技术的统一， 设计的目的是人而不是物，设计必须遵循自
然与客观的法则。

　　现代主义设计运动中参与了家具设计并留下诸多作品的代表人物有里特维尔德、
瓦尔特·格罗皮乌斯、勒·柯布西耶、路德维希·密斯·凡德罗、马塞尔·布劳耶等。

里特维尔德的红蓝椅

【作品时间】1917 年至 1918 年 【作品作者】里特维尔德

该作品原为普通木材构成，后来受蒙德里安色彩构成的影响，将其转化为立体结构，成为风格派的代表作。1917 年，红蓝椅刊登于《风格》杂志的封面上，立即引起广泛关注。随后在 1923 年德国包豪斯的展览中亮相，对同时代的设计师产生了不同程度的影响。（图片参考《西方家具集成》）

里特维尔德的板条椅

【作品时间】1918 年至 1920 年 【作品作者】里特维尔德

里特维尔德的设计思想非常活跃，他还利用包装箱板条设计了该板条椅。该作品结构简洁、形态粗犷，开启了现代生态设计的新思路。（图片参考《1000 CHAIRS》）

里特维尔德的风格派 Z 字椅

【作品时间】1932 年至 1934 年 【作品作者】里特维尔德

里特维尔德设计制作的 Z 字椅，可以说是椅子空间设计上的一次革命，是对传统椅子设计的一次挑战，在功能上则实现了双腿无障碍的活动空间。板块转角处的三角木则对结构强度起到了至关重要的作用。（图片参考《西方家具集成》）

马塞尔·布劳耶的瓦西里椅

【作品时间】1925 年 【作品作者】马塞尔·布劳耶

瓦西里椅以立方体为造型基础，主要框架等创新性地采用了当时较新的钢管材料，不但简化了结构，而且在形式上达到了焕然一新的效果。坐垫、靠背和扶手均采用高强度的编织物加工。（图片参考《西方家具集成》）

马塞尔·布劳耶的塞斯卡椅

【作品时间】1928 年　【作品作者】马塞尔·布劳耶

1928 年，马塞尔·布劳耶利用悬臂的弹性原理设计了该作品，并以他女儿名字的一部分命名这把椅子。该椅的主结构由一根钢管弯曲而成。座面和靠背由藤材编结而成。结构极简，形态空灵轻巧，坐感舒适。（图片参考《西方家具集成》）

密斯·凡德罗的巴塞罗那椅

【作品时间】1929 年 【作品作者】密斯·凡德罗

1929 年巴塞罗那世博会的德国馆由密斯·凡德罗设计，为给来馆参观的西班牙国王提供舒适的休息用椅，便设计了该作品。密斯·凡德罗配置了 X 形支架，座面和靠背用一组皮革条固定在钢架上，以支撑块状的坐垫与靠背。（图片参考《西方家具集成》）

密斯·凡德罗的先生椅

【作品时间】1926 年 【作品作者】密斯·凡德罗

在布劳耶的塞斯卡椅的启发下，密斯于 1926 年设计了悬臂结构的先生椅。该作品钢管较细，线条更加流畅自如。座面和靠背用整张皮革张紧，后来又改用藤编取代。（图片参考《西方家具集成》）

勒·柯布西耶的长躺椅

【作品时间】1928 年 【作品作者】勒·柯布西耶

1928 年，勒·柯布西耶等三人设计了这张躺椅，作品由上下两部分组成，上部钢架可以前后移动，以实现调节角度的功能，下部采用廉价铸铁加工而成。座面上的小牛皮肌理与钢管支架产生了强烈的对比。（图片参考《西方家具集成》）

美国现代家具设计

第 四 节

美国的现代家具设计始于 20 世纪 30 年代的经济大萧条时代，资本家和企业家为振兴制造业，开始认识到设计师和设计文化对市场的提升作用，设计师成了提升经济活力的英雄。

设计师是为商业利益而设计，而不是为使用者的利益而设计。或者说是通过设计有意识地刺激消费，有目的地使产品报废，只追求流行新款式，从而促成了产品的快速更新，这就是所谓的"消费主义设计"。

"二战"后，由于美国远离欧洲战场，又从战争的军火生意中获得了巨大的利益，战后又有一批为逃离战乱而移民美国的设计师，如格罗皮乌斯、布鲁尔和密斯等，大大促进了美国设计教育和产品设计的发展。

美国 20 世纪 40 年代至 50 年代的主流设计是在包豪斯理论的基础上发展起来的现代主义，其核心是功能主义，强调产品的实用性和材料结构的创新性。

如果说包豪斯给美国带来了现代设计的新思想，那么沙里宁的克兰普鲁设计学院则为美国培养了大批的设计人才，并出现了"米勒"和"诺尔"等知名家具制造商，以及查尔斯·伊姆斯、埃罗·沙里宁、乔治·尼尔森和哈里·伯托亚等一批知名的现代家具设计大师。

埃罗·沙里宁的胎椅

【作品时间】1946 年 【作品作者】埃罗·沙里宁

埃罗·沙里宁为机场设计的被命名为"胎椅"的休息椅，既考虑到最大的舒适度，又考虑到以最小的体量来实现。带有泡沫宽面的模压塑料壳体、乳胶泡沫坐垫与靠背，以及镀铬抛光的弯曲钢杆底架，都给人耳目一新的感觉。（图片参考《世界现代家具发展史》）

埃罗·沙里宁的郁金香椅

【作品时间】1956 年 【作品作者】埃罗·沙里宁

埃罗·沙里宁在追求有机形体的同时，也在努力减少椅腿的数量，其 1956 年完成的郁金香系列家具就实现了这一目的。椅体和脚柱都采用玻璃纤维强化塑料，通过内藏的铝制部件连接在一起。曲线流畅、形态优美，犹如一朵绽开的郁金香花。（图片参考《西方家具集成》）

查尔斯·伊姆斯的躺椅与脚凳

【作品时间】1956 年　【作品作者】查尔斯·伊姆斯

该作品不仅是查尔斯·伊姆斯的代表作，而且是米勒公司乃至世界设计史的名作之一。胶合板模压成型的底座上包有厚重的牛皮软垫，软垫内包有羽毛，坐感舒适。靠背分上下两段，脚架为铝铸，并有回转功能，可自行组装。家具设计史上首次使用五爪腿。（图片参考《西方家具集成》）

查尔斯·伊姆斯的休闲摇椅

【作品时间】1950 年 【作品作者】查尔斯·伊姆斯

该作品的脚架采用金属杆件焊接而成，被称为"埃菲尔铁塔结构"。座面材料早期为玻璃纤维强化塑料，后改为色彩鲜艳，且可回收利用的聚丙烯塑料。摇椅设计了 8 种不同弧度和长度的摇板，供顾客选用。（图片参考《西方家具集成》）

伊姆斯夫妇的长椅

【作品时间】1927 年 【作品作者】伊姆斯夫妇

该作品灵感来自法国艺术家拉雪兹于 1927 年创作的裸体雕塑——浮姿。玻璃纤维增强塑料模压成型的椅身，犹如飘浮在天空的云朵，悬浮在细小的、由五根金属组成的支架上。座面上的圆孔既有工艺上的需要，也有助于提升视觉效果。（图片参考《西方家具集成》）

伊姆斯的模压胶合板椅

【作品时间】1945 年　【作品作者】伊姆斯夫妇

该作品为伊姆斯夫妇于 1945 年共同完成的二次曲线成型胶合板座椅，前腿、后腿、座面和靠背均为独立的模压成型胶合板件，通过内埋螺母连接在一起。特别是座面下部装有减震橡胶，使坐感更加舒适。1945 年开始由米勒公司大批量生产。（图片参考《西方家具集成》）

哈里·贝尔托亚的钻石椅

【作品时间】1952 年　【作品作者】哈里·贝尔托亚

哈里·贝尔托亚于 1952 年为诺尔公司设计了这件流芳百世的钻石椅。这件以金属线材创造的动感形体，不论从任何角度看，都可以欣赏到作品的流畅曲线和完美的空间曲面。钻石椅彰显了战后新材料的魅力和新潮的审美观。（图片参考《西方家具集成》）

纳尔逊设计的椰子椅

【作品时间】1955 年 【作品作者】纳尔逊

1955 年由纳尔逊设计的椰子椅，由泡沫橡胶和无缝真皮制成的软垫，不仅外观新颖而且能提供持久的舒适感。该作品看起来轻巧灵气，而实际上，由于椰壳为厚重金属材料，实际重量并不轻。（图片参考《西方家具集成》）

第五节 引领潮流的意大利现代家具设计

意大利是欧洲艺术的摇篮，是文艺复兴的发源地，也是现代艺术流派的温床。"二战"后，工业和社会的变革否定了法西斯主义的浮华与荒谬，为设计发展铺平了道路，结束了长达 25 年的与外界隔离的状态，开始研究德国包豪斯、美国的商业设计、北欧的功能主义。意大利设计自 1945 年之后开始重建，于 20 世纪 50 年代开始出现活跃气氛。20 世纪 50 年代的意大利家具的造型特征是当代有机雕塑感的设计风格。这种视觉特征与新的金属塑料生产技术相结合，创造了独特的成果，被称为"意大利设计奇迹"，标志着意大利作为一个主要经济体重返欧洲与世界。

20 世纪 60 年代至 70 年代的意大利家具设计遥遥领先。由著名设计师索特萨斯领导的"激进设计"在进入 80 年代后震惊了设计界。第四代、第五代设计师不断涌现，并将意大利设计的统治地位一直延续到 21 世纪。

　　战后意大利设计的重新崛起和成功归功于建筑设计与工业制造的密切结合，新一代的建筑师转向工业产品设计。同一个设计师既可以设计一幢宏伟的建筑大厦，也能设计室内的一把椅子，甚至从设计一座城市到设计一把勺子。由于在设计政策、设计研究、设计教育、工业制造、品牌建设、市场推广、展览和传播等方面形成了一条完整的产业链，因而获得了成功。

意大利科隆博设计的筒椅

【作品时间】1969 年 【作品作者】科隆博

1969 年科隆博设计的筒椅，由不同直径的半硬质塑料管段组合而成。生产厂家将不同粗细的圆筒嵌套在一起卖给用户，由用户按自己的意愿进行组装，可以组合出不同式样的坐具。（图片参考《西方家具集成》）

科隆博的艾尔达椅

【作品时间】1963 年 【作品作者】科隆博

1963 年科隆博为普拉斯特公司设计的作品，为纪念他的妻子而将其命名为"艾尔达椅"。该高背椅由玻璃纤维增强塑料整体注塑成型，内部用独立的香肠状泡沫软体填充，形如含苞欲放的花朵。作品一经问世便很快走红，被纽约现代艺术博物馆和巴黎卢浮宫所收藏。（图片参考《西方家具集成》）

德帕斯的充气沙发

【作品时间】20 世纪 60 年代 【作品作者】德帕斯等

由德帕斯等人设计的充气沙发，具有轻巧、经济、便于移动和可放气压缩等特点，充分表达了意大利家具的创意和舒适性。其创意是应用汽艇的成型原理，采用透明的聚氯乙烯代替氯丁橡胶。其缺陷是坐久了便会粘在皮肤上，所以流行时间并不长。（图片参考《西方家具集成》）

加蒂设计组的布袋沙发

【作品时间】1968 年 【作品作者】加蒂等

该作品为加蒂等人于 1968 年设计的布袋沙发，将聚氯乙烯颗粒填充在布袋里，形成一件没有任何硬性支撑物的坐具。布袋可以根据人的坐姿而改变形状，让家具适应人体的变化，真正体现了以人为本的设计原则。时至今日，该设计仍在市场上广为流行。（图片参考《西方家具集成》）

后现代主义的普罗斯特扶手椅

【作品时间】1976 年 【作品作者】门迪尼

领导设计改革的阿契米亚工作室的重要人物门迪尼，于 1976 年来到法国。受知名作家普罗斯特的作品影响，他选择使用印象派画家保罗·西涅克的作品局部作为整个作品的图案。普罗斯特扶手椅其实是将一件路易十四式的扶手椅改头换面的版本，既有巴洛克的影子，又有现代文化的特征。（图片参考《西方家具集成》）

索特萨斯的卡尔顿书柜

【作品时间】1981 年 【作品作者】索特萨斯

索特萨斯于 1981 年设计的卡尔顿书柜，用途模糊不清，色彩纯正夸张，与其说是书柜，不如说是一件艺术作品。卡尔顿书柜产生了一种新概念，即功能不仅是物质的，也可以是精神的以及文化的，使之成为文化的载体。（图片参考《西方家具集成》）

佩谢的"UP"系列休闲椅

【作品时间】1969 年 【作品作者】佩谢

1969 年，佩谢与 B&B 意大利公司技术人员合作，推出了被称为"UP"的系列坐具。他构想了全新的家具概念：坐具内无刚性构架，全部为用织物包裹的聚氨酯泡沫塑料。本图为 UP5，也被称为"女性扶手椅"。（图片参考《世界现代家具发展史》）

马里奥·卡南齐的塔特林沙发

【作品时间】1987 年 【作品作者】马里奥·卡南齐

该作品汲取了"第三国际纪念塔"螺旋式的造型，座面的螺旋线和螺旋上升的靠背浑然一体。天鹅绒面料的高贵典雅与曲线造型的动感相得益彰。塔特林沙发是理想主义与浪漫主义交融而成的唯美作品。（图片参考《百年家具经典》）

佩谢的纽约落日沙发

【作品时间】1980 年 【作品作者】佩谢

该作品由七个方块体和一个半圆形的软垫构成，内部用胶合板做框架，填满聚氨酯泡沫，结构工艺并无特殊之处。但却是一件充满浪漫意境的作品，被赋予深刻的内涵和丰富的想象力。（图片参考《百年家具经典》）

北欧现代家具设计

第六节

瑞典、丹麦、芬兰和挪威等北欧四国的现代家具，虽然也受到过德国包豪斯的现代设计运动的影响，但它们却选择了一条独特的发展道路，即现代家具与传统风格相结合，与地方材料相结合，与工艺技术相结合，表现出对传统价值的尊重，对材料和天然色泽的偏爱，对简约形式和手工艺外观品质的推崇和对装饰的节制，追求形式与功能的统一。

由于地处北极圈附近，冬天漫长，人们长时间在室内度过，因而刻意追求温馨的家的氛围，钟情产品和环境的人情味。不重复自己的作品，更不抄袭别人的作品是北欧各国的共同信条，因而独创性、不跟风也是其特点之一。不管其他国家如何追逐时尚，它们仍然坚持自己的设计路线。另外，尽量采用天然的无毒无害的原材料，充分考虑材料的有效利用和节约利用，并注重提高结构的牢固性和产品的耐久性，生态、低碳、环保的目标也是其共同的追求。注重产品的标准化和工业化，追求低成本和高效率，也是北欧的设计路线，并以机械化和自动化的方式生产出有手工艺痕迹的北欧风格家具。

主要代表人物有汉斯·瓦格纳、阿尔瓦·阿尔托、芬恩·居尔、阿内尔·雅各布森、约里奥·库卡波罗等。

阿内尔·雅各布森的蚂蚁椅

【作品时间】1952年 【作品作者】阿内尔·雅各布森

阿内尔·雅各布森于1952年为某公司的食堂设计了这件著名的作品，并由汉森公司投入大批量生产，在办公场所和家庭中得到广泛应用。作品为单板层积结构，九层单板七纵二横，在模具中胶压成型，通过对内应力大的部位进行切割，就形成了这一形态。圆圆的头和纤细的腰形似蚂蚁，因而以"蚂蚁椅"称之。（图片参考《西方家具集成》）

阿内尔·雅各布森的蛋椅

【作品时间】1958 年 　【作品作者】阿内尔·雅各布森

阿内尔·雅各布森于 1958 年为某宾馆大堂设计的蛋椅，高高的靠背围拢在桌子的周围，可以形成一个独立的空间。无论从造型上看，还是从原材料或制造工艺上看，都是一件罕见的现代主义作品。（图片参考《西方家具集成》）

潘东的系列圆锥椅之一

【作品时间】1958 年 【作品作者】潘东

潘东的圆锥椅是用艺术的切割方法获得的一种纯粹的几何形家具。有人趣称为"冰淇淋椅",因其形状类似于用玉米面制作的冰淇淋杯,非常具有波普艺术的美学特征。潘东的作品均采用塑料和金属制作,很少用木材。(图片参考《西方家具集成》)

潘东的可调孔雀椅

【作品时间】1960 年 【作品作者】潘东

完成于 1960 年的孔雀椅是钢丝圆锥椅的附带设计作品，比圆锥椅有更强的夸张性。上部夸张的锥形坐具可在圆柱形的基座上调整倾斜度，以获得不同的坐感。（图片参考《西方家具集成》）

潘东设计的潘东椅

【作品时间】1960 年 【作品作者】潘东

完成于 1960 年的潘东椅，最大的优势是使用单一的材料一次成型，可大批量生产。创作思路源于里特维尔德的 Z 形椅，并充分发挥其对色彩的驾驭能力，早期销售的就有红、黑、白、蓝、黄、绿等多种色彩。自由曲面的构图和形体结构可以优化产品的强度。（图片参考《西方家具集成》）

汉斯·瓦格纳的环形椅

【作品时间】1986 年 【作品作者】汉斯·瓦格纳

在孔雀椅的基础上，瓦格纳于 1986 年设计了环形椅，将靠背、扶手和座框连为环形的圆箍构件，并非采用中式榫对接，而且是将桦木的薄木叠合并卷在圆形模具上胶压而成，干燥成型后再铣削加工获得环形构件。用绳索编织靠背和座面使该作品更显优美。（图片参考《名椅大师丹麦设计》）

汉斯·瓦格纳的三角椅

【作品时间】1963 年 【作品作者】汉斯·瓦格纳

与其他国家相比，丹麦的三角椅特别多，据说是与其传统民居中多铺以卵石有关，放在如此凸凹不平的地面上，三角椅最为稳定。其坐垫形似心形，因此又称"心形椅"。（图片参考《名椅大师丹麦设计》）

汉斯·瓦格纳的侍从椅

【作品时间】1951 年 【作品作者】汉斯·瓦格纳

侍从椅是汉斯·瓦格纳的代表作品之一。椅背可吊挂上衣，将座面前翻竖起可吊挂长裤，座面下有个三角形小盒，可将口袋中的小物品放置其中。由于这些功能而被称为"单身汉椅"或"侍者椅"。（图片参考《名椅大师丹麦设计》）

汉斯·瓦格纳的 Y 形椅

【作品时间】1943 年 【作品作者】汉斯·瓦格纳

中国和丹麦之间早就有贸易往来，圈椅和官帽椅等中国家具在丹麦的各大博物馆均有收藏。1943
年，汉斯·瓦格纳受汉森公司委托设计一款优美而又省料的椅子，他以中国圈椅为创作源泉，一
口气设计了四款中国椅，Y 形椅是其中之一。他用 Y 形椅背取代厚重的明式圈椅背板，中西交融
成就了该款名椅。（图片参考《名椅大师丹麦设计》）

汉斯·瓦格纳的中国椅

【作品时间】1944 年 【作品作者】汉斯·瓦格纳

继第一张中国圈椅之后，汉斯·瓦格纳于 1944 年又推出了这款中式椅。椅子的大曲线构件采用了索耐特的曲木技术。既有中国圈椅的形制，又有索耐特的曲木要素，是两大名椅的有效结合。（图片参考《名椅大师丹麦设计》）

阿尔瓦·阿尔托的悬臂扶手椅

【作品时间】1939 年　【作品作者】阿尔瓦·阿尔托

1939 年，阿尔瓦·阿尔托为他设计的玛丽亚别墅设计了这件模压胶合板悬臂扶手椅。他参考了以前问世的钢管扶手椅，并通过多年的实验，终于实现了用单板模压技术获得木质悬臂构件，并成功取代了钢管构件，且刚中有柔、弹性适度，获得钢管无法实现的坐感。（图片参考《西方家具集成》）

阿尔瓦·阿尔托的帕米奥扶手椅

【作品时间】1931 年 【作品作者】阿尔瓦·阿尔托

阿尔瓦·阿尔托于 1931 年为帕米奥疗养院设计了这款休养躺椅。该设计以芬兰积蓄量最丰富的白桦为原料，以优雅的曲线为主调，表现了一个主题——森林与湖泊。座面与靠背夹角呈 110 度，符合人体工程学对休闲椅的要求。（图片参考《西方家具集成》）

阿尔瓦·阿尔托的扇足凳

【作品时间】1954 年 【作品作者】阿尔瓦·阿尔托

1930 年，阿尔瓦·阿尔托为维普里图书馆设计的多功能凳，其结构简单，只有四个构件，腿足向外伸展，使产品可叠放。在此基础上，他于 1954 年又设计了一款令人叹为观止的作品——扇足凳。它是多功能凳的姊妹版，腿与凳面用螺钉连接。（图片参考《百年家具经典》）

艾洛·阿尼奥的球形椅

【作品时间】1962 年 【作品作者】艾洛·阿尼奥

1962 年，艾洛·阿尼奥用报纸和糨糊为原料，在藤编家具的启发下设计了一种适于塑料成型的新型坐具——球椅。1963 年至 1965 年又改用玻璃纤维增强塑料制作，并在 1966 年的科隆家具博览会上一举成名。球状造型在底座上既可旋转，又增加了几分乐趣。（图片参考《西方家具集成》）

艾洛·阿尼奥的香锭椅

【作品时间】1968 年 【作品作者】艾洛·阿尼奥

艾洛·阿尼奥于 1968 年设计的香锭椅，外形就像一颗被大拇指按压过的椭圆形糖果，它是摇椅的变体。夏日里，香锭椅漂浮在水面上，它是一叶悠游小舟；冬季里，它出现在冰雪世界，又是一件现代化的嬉戏工具。（图片参考《西方家具集成》）

艾洛·阿尼奥的波尼椅

【作品时间】1973 年 【作品作者】艾洛·阿尼奥

1973 年，艾洛·阿尼奥用聚氨酯泡沫塑料设计制作了更具造型特征的儿童动物坐具——模仿小马驹的波尼椅。这类作品很难界定是家具还是玩具，充满返璞归真的童年乐趣。（图片参考《西方家具集成》）

库卡波罗的卡路赛利椅

【作品时间】1965 年 【作品作者】库卡波罗

芬兰语中"卡路赛利"有游艺场中旋转木马的意思。该椅子的设计灵感源自库卡波罗和女儿在雪地中游戏时用雪堆的椅子，坐上去后感觉非同一般。为了获得雪椅的效果，他花了四年的时间，直至 1965 年他终于用玻璃纤维增强塑料完成这一名椅。1974 年，该椅在美国纽约举办的全球家具设计大赛上获金奖，并被誉为"人类最舒适的椅子"。（图片参考《西方家具集成》）

库卡波罗的竹片椅

【作品时间】20 世纪 90 年代 【作品作者】库卡波罗

该作品立足于传统木作的榫卯结构,亦取材于中国传统家具功能与形式的精髓,并以再创造的精神,赋予作品"东西方家具"的内涵和意义,诠释了库卡波罗对中国传统的情有独钟,且以北欧现代设计的手法予以表达。(图片参考《艺术与家具》)

库卡波罗的龙椅

【作品时间】1998 年 【作品作者】库卡波罗

1997 年，库卡波罗邀请塔帕尼·阿尔托玛一同为赫尔辛基当代艺术博物馆设计座椅。这些椅子的座面、背板和椅框表面印上了阿尔托玛教授设计的图案，时尚感十足。印有中国龙图案的椅子成为图腾椅系列中的重要作品。（图片参考《艺术与家具》）

第七节 "和魂洋才"的日本现代家具设计

自1867年日本"明治维新"开始，日本就开始对外开放，日本本土与异质的西方文化相交融，从而掀起了日本产业革命的新篇章。19世纪末，欧洲的一些设计大师，如奥地利维也纳学派的领导人瓦格纳就专程到日本进行交流和指导。日本的现代家具设计自20世纪20年代就开始学习欧洲的现代设计思想，并派人到包豪斯学习。"二战"后，大量的欧洲设计书籍也被引进到日本。

　　现代日本家具设计在处理传统与现代的关系时采用了"双轨制"的方针。一方面在服装、家具、室内、手工艺品等设计领域系统地研究和传承传统，以求传统文化的延续性；另一方面又在新功能、新材料和新技术等领域按现代经济发展的要求和生活方式的变迁进行研究和设计。双轨制的实践使传统文化在现代社会中得以发扬光大，产生了一批优秀的设计师及其作品。1956 年，柳宗理设计的蝴蝶椅就是一个成功的案例。走向国际化的日本现代家具设计师还有仓右四郎、喜多俊之、雅则梅田、中岛乔治等。

喜多俊之的打盹椅

【作品时间】1980 年 【作品作者】喜多俊之

喜多俊之是世界知名的日本籍设计大师，打盹椅是他的代表作。该作品可自由变幻形态，打开后是一件躺椅，折叠后便是一件普通座椅。转动侧面的旋钮便可调节靠背的倾斜度。迪士尼式的造型颇具趣味性，带拉链的面料可拆换，可以根据喜好更换不同色彩和质地的面料。（图片参考《百年家具经典》）

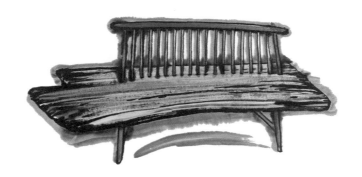

中岛乔治的原生态长椅

【作品时间】1984 年 【作品作者】中岛乔治

中岛乔治的原生态长椅以一块从一棵大树上锯下来的厚板作为座面，保持着树干的原生态形体。座面后部装入温莎椅式梳形靠背。（图片参考《1000 CHAIRS》）

雅则梅田的玫瑰椅

【作品时间】1990 年 【作品作者】雅则梅田

厚实的软质填料和紫红色的丝绒面料，使得该椅宛如一朵盛开的玫瑰。三根象征着工业化的金属支柱与展现自然之美的座面形成了鲜明的对比。作品体现了日本传统文化和西方现代文化的有效融合，是"和魂洋才"设计思想在家具设计中的典型案例。（图片参考《百年家具经典》）

雅则梅田的月光花园椅

【作品时间】1990 年 【作品作者】雅则梅田

该作品采用中国风铃草为原型，用仿生的手法从一小段绿色的花柄中绽放出肥大的花瓣。一共有六个巨大的花瓣，其中有两个向下形成支撑，三个向后形成靠背，一个向前形成座面。花瓣采用聚氨酯泡沫外包天鹅绒面料，落地花瓣的顶端有小脚轮以方便移动。（图片参考《百年家具经典》）

柳宗理的蝴蝶椅

【作品时间】1954 年 【作品作者】柳宗理

该作品由两块形状完全相同的模压胶合板构成，两块板的接地处不是线接触，而是用四点接地，使之更为平稳。作品于 1954 年问世，1956 年首次在松屋百货公司展出，1957 年参加米兰三年展，1958 年被纽约现代艺术馆收藏。（图片参考《西方家具集成》）

海派家具

　　1792 年，英国国王乔治一世派遣使团以庆贺清乾隆帝八十大寿为名出使中国，贺礼中有炫耀西方工业文明的自鸣钟和家具。两次鸦片战争后，西方获取了广州、福州、厦门、宁波、上海、天津、青岛、烟台等通商口岸。随着大量侨民的涌入、租界的设立，以及大量新潮西洋式商贸、医院、住宅等建筑的落成，他们生活所需的家具等物品便源源不断地从母国运到了中国口岸城市。

　　20 世纪 30 年代至 40 年代，随着西洋家具的流行和各种西方设计思潮的传播，以及新的现代生活方式的流行，都为海派家具的产生创造了条件。中国传统家具与西方家具艺术相结合，中西交融，洋为中用，从而创造了一种中西合璧的新型家具，这便是最早出现在上海的海派家具。

　　海派家具一方面表现为对外来家具文化的包容性，它有选择地吸取西方家具中的合理成分，如款式、功能、材料、结构和工艺等方面，并将其融入传统家具中，创造了"西式中做"的新式家具。另一方面又表现为对本土传统家具文化的传统性。海派家具的材料、结构和工艺仍沿袭了中国传统的习惯做法，而装饰图案则部分地保留了具有中国寓意的图案，并掺入了西洋家具中的装饰图案。

海派家具品类齐全，出现了两侧可上下的屏板床、大衣柜、梳妆台、沙发、弹簧床垫等具有现代家具功能的新品类。

海派家具功能实用，不同居室有不同的成套系列家具与其相适应。海派家具追求舒适，出现了舒适憩坐和科学睡眠的软家具系列产品，为中国家具的现代化奠定了基础。

海派梳妆台

【作品时间】1843 年至 1949 年

梳妆柜也称"梳妆台"。明清家具中只有梳妆匣与镜台，梳妆柜属舶来品。梳妆柜与高低床和大衣柜成为当时结婚家具不可或缺的三大件。该梳妆柜是在小衣柜上面加上三叶梳妆镜，更便于站立梳妆。柜面上的两个小屉适于化妆品的存放。（图片参考《海派艺术家具发展典籍》）

海派大衣橱

【作品时间】1843 年至 1949 年

大衣柜尺度较大，高在 180 厘米以上。既有西洋家具的形制，又加入了中式的元素（银镜的使用），开启了中国现代家具的新风尚。该作品由顶盘、橱体、脚盘三部分构成，可拆分以方便运输，开启中国拆装家具之先河。（图片参考《海派艺术家具发展典籍》）

海派酒柜

【作品时间】1843 年至 1949 年

酒柜既是存放瓶酒和酒杯的柜子，又是开启酒瓶和调酒的地方。酒柜属西洋家具的一种，也是海派家具独特的一种柜类。常置于客厅或餐厅。高挑的三弯腿和修长的柜体置于厅室一侧还有装饰的功能。（图片参考《海派艺术家具发展典籍》）

海派床头柜

【作品时间】1843 年至 1949 年

床头柜或床边柜，常置于床头的两侧，在小空间卧室也可以只配一侧，另一侧靠墙。早年的床头柜常用于放置夜壶，俗称"夜壶箱"。随着城市生活方式的变化，床头柜常用于放置台灯、电话以及书报等。薄木拼花工艺也是始于海派家具。（图片参考《海派艺术家具发展典籍》）

海派套装三十六条腿

【作品时间】1843 年至 1949 年

经济短缺时期，在海派家具形制的基础上进一步简化，开发了包括有大衣柜、五屉柜、屏板床、床头柜、方桌及四张椅子的套装家具，以适应一室户新婚家庭的基本生活之需。因标准配为九件家具，每件家具各四条腿，共三十六条腿，故以此称之。（图片参考《海派艺术家具发展典籍》）

海派榻床

【作品时间】1843 年至 1949 年

该作品的问世也是适应新生活方式之需而出现的新产品，源自西方的白日床，其功能类似中国传统家具中的罗汉床，主要供白天休闲时坐卧之用。其形制，特别是直线圆锥渐缩且带凹槽的脚型，具有明显的洛可可式家具的特征。（图片参考《海派艺术家具发展典籍》）

海派转椅

【作品时间】1843 年至 1949 年

海派转椅也是当年的新品类坐具，转椅顾名思义是可以旋转的。座面以上的部分就是传统家具中的扶手椅、靠背椅或圈椅，下部则是四爪或五爪脚盘。脚端有脚轮，方便自由移动。立柱中间有金属螺杆、螺母连接，以便升降。该作品是当代大班椅的原型。（图片参考《海派艺术家具发展典籍》）

海派摇椅

【作品时间】1843 年至 1949 年

摇椅是在扶手椅的形制基础上，在脚端的前后方向左右各加一弓形木构件，使其在体重作用下可前倾后仰，以达到休闲的目的。该作品上部明显是西洋软包座椅的翻版。（图片参考《海派艺术家具发展典籍》）

仿索耐特曲木椅

【作品时间】1843 年至 1949 年

该作品与中国传统的椅子有着明显的区别，完全是索耐特曲木椅的外观，但却不是用曲木技术制作的，而是采用硬木铣削成型、组装而成。软包的坐垫、藤编的靠背。整体简洁、轻巧、舒适，适用于西餐厅等公共场所。（图片参考《海派艺术家具发展典籍》）

海派扶手椅

【作品时间】1843 年至 1949 年

该作品为西洋舶来品，其厚实的软包坐垫，精致的扶手包衬，绳形构件、旋木、带凹槽的锥形腿、雕饰靠背等要素的应用，彰显出海派家具海纳百川、中西交融的理念与手法。（图片参考《海派艺术家具发展典籍》）

海派茶几（一）

【作品时间】1843 年至 1949 年

该作品被称为"侧茶几"，是用于两个单人沙发或座椅之间的条形茶几。旋制带凹槽的直腿，H 形的拉脚档，薄木拼花的几面等要素都显现出新古典主义的装饰风格。（图片参考《海派艺术家具发展典籍》）

海派茶几（二）

【作品时间】1843 年至 1949 年

该作品仍为侧茶几。曲线型的面板边线，优雅高挑的三弯腿，向中心拱起的拉脚档都表现出这是一件具有女性美的洛可可式的海派茶几。（图片参考《海派艺术家具发展典籍》）

第
九
节

民国家具

辛亥革命前夕，由于自然经济的解体和外国资本主义的影响，一些官僚地主和富商开始投资新型工矿企业，促进了民族资本主义的发展。随着经济形势的变化和西方文明的传播，人们的生活习俗也产生了巨大的变革。

自 1902 年开始，全国各地官方或民间商户相继办起了许多工艺局或手工工场。出现了传统家具与"西式中做"的新式家具并存的局面，特别是海派家具的流行，改变了传统家具单调的局面，且影响深远。

民国期间的家具主要有三大类别：一是明清家具继续流行，如太师椅、架子床、条案、屏风、八仙桌等仍在讲究传统的大户人家继续流行；二是以广作家具、海派家具、宁作家具为代表的中西合璧的时尚家具，如沙发、陈列柜、屏板床、写字台、梳妆台、穿衣镜等开始在新兴资产阶级和新潮知识分子家庭中流行；三是中国沿海对外开埠城市中外国侨民家庭从母国直接进口的西方古典家具，如法国的巴洛克式、洛可可式，英国的维多利亚式、安妮女王式等。

民国家具开始追求功能配套，如客厅有沙发、茶几、安有玻璃门的装饰柜，还有牌桌和椅子，以满足家人和朋友聚会时打牌、聊天和喝茶的时尚需求。卧室则出现了现代卧室的配套，如屏板床、床头柜、五屉框、三门大衣框、衣帽架、穿衣镜等。书房系列则有书桌、书柜、转椅及沙发等。

民国家具的装饰除了雕刻外，还出现了薄木镶嵌装饰，以及玻璃、镜子等功能件装饰。

民国时期家具的工艺技术主要表现为胶合板、硝基清漆，以及圆锯、平刨等早期木工机械的应用，开始了中国现代家具制造的新历程。

民国仿竹节圈椅

【作品时间】1912 年至 1949 年

该作品以明式圈椅为原型,将所有线型构件改为竹节状,并在座面上配以带有装饰图案的软垫,靠背也为竹板状。相对于传统圈椅更显轻巧时尚。(图片参考《民国家具价值汇典》)

民国时期的紫檀躺椅

【作品时间】1912 年至 1949 年

该作品为民国时期江南民间广为流行的休闲躺椅,其线条流畅、结构简单。座面斜度和靠背倾角完全符合人体工程学的原理。除了搭脑处有书卷形雕饰外,几乎没有装饰,更符合现代家具的设计原则。(图片参考《民国家具价值汇典》)

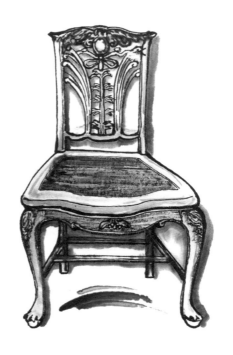

民国时期仿齐彭代尔式靠椅

【作品时间】1912 年至 1949 年

民国时期传统的明清座椅继续流行，海派家具更受城市中产阶级欢迎。该作品为海派家具中仿齐彭代尔式靠椅。（图片参考《民国家具价值汇典》）

民国时期仿温莎椅式转椅

【作品时间】1912 年至 1949 年

该作品将靠背和扶手直接装在厚实的座板上，因而被称为"仿温莎椅"。下部脚座形态优雅，结构合理，立柱中间嵌装有螺杆、螺母和滑导装置，既可转动又可升降，颇具当代功能。（图片参考《民国家具价值汇典》）

民国时期改型的灯挂椅

【作品时间】1912 年至 1949 年

该作品上部保留了传统灯挂椅的形制，但下部加高。总体素雅、轻巧、使用方便，便于与其他家具搭配使用，且易于搬动。（图片参考《民国家具价值汇典》）

民国时期民间四出头暖椅

【作品时间】1912年至1949年

该作品上部仍为典型的四出头官帽椅，下部却类似于欧洲中世纪的箱式座椅。但座箱并非用于贮物，而是用于放置火盆，盆内常以木炭为原料，供人们在冬季取暖之用。座面呈栅状，以便于暖气的散发。（图片参考《家具与室内装饰》杂志）

民国时期苏南民用竹椅

【作品时间】1912 年至 1949 年

竹家具在江南地区广为流行，特别是竹椅更为普遍。竹椅具有坐感舒适、轻巧空灵、便于搬移、体感凉爽等优势，而且形态优雅、工艺简单、成本低廉。该作品为苏州博物馆收藏。（图片参考《家具与室内装饰》杂志）

带折叠镜架的梳妆写字台

【作品时间】1912 年至 1949 年

该写字台中间部分的面板下藏有银镜框，两者用铰链连接，梳妆时可将桌面上翻，镜框斜置定位，实现梳妆功能，折后又与写字台无异。（图片参考《国粹图典·家具》）

民国时期雕饰兽足方案

【作品时间】1912 年至 1949 年

民国时期清式家具仍在流行，该作品四脚上部为兽头，脚端为兽爪型，牙板也布满雕饰，是典型的清式风格，从中能看到巴洛克风格的影响。（图片参考《民国家具价值汇典》）

民国时期方形圆角柜

【作品时间】1912 年至 1949 年

民国时期西风东渐仍在继续，虽出现了大衣柜、五屉柜等西式家具，但明式柜类仍在使用，特别是在乡村更是广泛应用。该作品为方形圆角柜。（图片参考《民国家具价值汇典》）

民国时期雕花旋木双人床

【作品时间】1912 年至 1949 年

该作品为屏板式床，但没有高、低屏之分。既可在卧室居中放置，以方便两侧上下床，也可以靠墙放置。带凹槽的立柱、柱头、旋木栅栏，以及三弯腿等要素，表明海派家具的流行。（图片参考《民国家具价值汇典》）

民国时期的架子床

【作品时间】1912 年至 1949 年

架子床是民国时期广为流行的床的式样。在明式架子床的基础上加以简化，基本无雕饰，但增加了织物软装，既有防蚊的实用功能，更有三面开口帷幔的装饰作用。床面铺凉席，更适合南方使用。（图片参考《家具与室内装饰》杂志）

民国时期屏式穿衣镜

【作品时间】1912 年至 1949 年

屏式穿衣镜出现在清朝中期，是宫殿中专供大臣觐见皇帝时整肃仪容之用，后传入民间，民国时期广为流行。但在海派家具流行的上海，大衣柜门上的银镜则取代了穿衣镜的功能。（图片参考《国粹图典·家具》）

民国时期课桌及凳的组合

【作品时间】1912 年至 1949 年

该作品为民间私塾或学校供小孩读书写字用的桌凳。书台与凳用落地的横档连在一起。为现代钢制和塑料的学生课桌椅提供了原型。（图片参考《国粹图典·家具》）

民国时期云石挂屏

【作品时间】1912 年至 1949 年

挂屏在民国时期广为流行，既可装入中国字画，也可镶嵌有山水云雾意境的云石。办公室或居室厅堂均可应用。（图片参考《民国家具价值汇典》）

民国时期民间流行的交椅

【作品时间】1912 年至 1949 年

该作品为改型的交椅，简易的 X 形脚架可以折叠，靠背和扶手均连接在座面后横档上。结构简单，搬动方便。（图片参考广东台山伍炳亮黄花梨艺博馆藏品）

新中式家具

第 十 节

　　新中式家具设计是以中国的改革开放为背景，以年轻人的消费需求为动力而掀起的一场设计运动。

　　新中式是相对于传统中式而言，是用现代设计语言对传统中式进行重新演绎，是传统中式的现代化蜕变。新中式既要通过传统文化要素和符号语汇的打散、提炼而进行重构，又要适合现代生活方式对使用功能和空间形式的要求。新中式的文化基因是中式，新中式的形式是简约现代。新中式也称作"当代中式"或"简约中式"。

　　20世纪50年代至70年代，中国家具业生产水平相对低下，大范围的市场流通机制也尚未建立，加上欧美发达国家对华的经济封锁，中国的家具产品相对简陋，仅可适应短缺经济下的温饱需要。典型的产品是简约型的海派家具以三十六条腿的组合套装，适应住房紧张背景下的一室户的家居生活的功能需求。

　　20 世纪 60 年代开始，台湾经济发展迅速，其家具产品大量进入国际市场，家具设计也得到同步提升。青年设计师洪达仁的新中式长椅、躺椅等作品，以全新的简略形态诠释了中式传统家具的再生，其作品还被大英博物馆收藏。

　　20 世纪 80 年代，在"改革开放"新国策的促进下，地处改革开放前沿的广东联邦家私集团成功开发了"联邦椅"系列产品，在市场竞争中取得了巨大的经济效益。

　　20 世纪 90 年代以来，在传统中式家具（红木家具）得到恢复和发展的同时，对新中式的研究和设计也得到了相关高等院校、设计机构和家具企业的高度重视，新设计也受到国人的重视，新中式产品纷纷亮相家具市场。其中部分优秀作品还在"红点"奖等国际设计大赛中获奖。

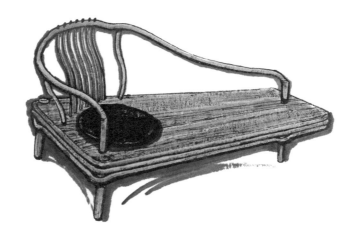

新中式守柔躺椅

【作品时间】20 世纪 80 年代 【作品作者】洪达仁

20 世纪 80 年代，作为亚洲四小龙的中国台湾地区经济开始腾飞，家具工业也进入高速发展期，洪达仁先生设计的守柔躺椅正是中式传统家具传承创新的范例，开启了新中式家具的新时代。
（图片参考《台湾家具通鉴》）

新中式父子躺椅

【作品时间】20 世纪 80 年代 【作品作者】洪达仁

该作品既传承了明式家具以线为主的造型法则，又更为简洁与精致，扶手与靠背连线有从高到低的渐变，还有金属杆件的局部支撑。作品形态轻巧空灵，充满时代气息。（图片参考《台湾家具通鉴》）

联邦集团联邦椅

【作品时间】1992 年

该作品于 1992 年在广州东山百货大楼展出，受到了广大消费者的欢迎，且逐渐风靡全国。数以千计的工厂在仿造，数以十万计的家庭在使用。联邦椅线条流畅、形态简约、富于时代感，靠背曲线和座面斜度符合人体工程学原理，是新中式家具划时代的作品。（图片参考《世界家具艺术史》）

联邦集团联邦躺椅

【作品时间】2003 年

该作品以经水热处理的橡胶木（因更新需求而砍伐）为原料，以富于雕塑感的曲线造型和适合于休闲的人体曲面为特性，成就了该款躺椅。既符合废材利用的低碳设计原则，又满足了消费者对时尚和功能的需求。（图片参考《联邦产品目录》）

新中式钱椅

【作品时间】2009 年 【作品作者】朱小杰（澳珀设计）

该作品的设计灵感源自中国古代钱币的"外圆内方"。圈椅式的曲线是圆的，座面是方的。方意味着严于律己，圆则是宽以待人，这是中国人的传统处世哲学。（图片参考《世界家具艺术史》）

新中式玫瑰椅

【作品时间】2014 年 【作品作者】朱小杰

该作品借鉴了明式家具中玫瑰椅的形制与尺度，却采用碳素钢为芯，外包薄壁木材，以缩小构件的断面尺寸，并用 X 形钢纤加固脚框。以皮革为座面和靠背，并用明线固定，颇具时尚感。（图片参考《世界家具艺术史》）

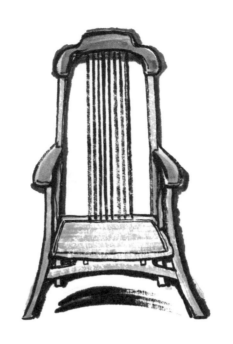

青木堂现代东方高靠椅

【作品时间】2016 年 【作品作者】青木堂

该作品为"琴瑟对椅"之一，设计师将阴阳之道融合在椅子的设计中。两椅乍看没有差异，但通过椅背一刚一柔的细微变化，体现出琴瑟和鸣、求同存异、和而不同的中国传统设计观。（图片参考《世界家具艺术史》）

宜雅泰和园当代君子竹节椅

【作品时间】2019 年 【作品作者】宜雅泰和园

作品以竹为造型要素，通过产品构图突显竹子挺拔、修长、匀称、节奏等审美价值。并寄情于竹，寓意清廉正直、虚心向上的高尚品德。（图片参考《品牌红木》杂志）

中山和兴·未镜椅

【作品时间】2016 年 【作品作者】洪卫

该作品以极简的手法将明式圈椅中的圆、方等要素进行重构，并在座面后沿设置牙板式的流动的山形装饰，寄情中国山水。作品既有中国传统文化的基因，又有现代设计的风尚。（图片参考广东中山新中式家具书画展）

广州美术学院金属高背椅

【作品时间】2012 年 【作品作者】温浩

该作品由广州美术学院的温浩设计，对中国传统官帽椅进行了新的探索。该椅以金属线材为骨架，以薄钢板构成高靠背和座面，通过细长的弧线和有弹性的钢板塑造出富有时代感的新型官帽椅。（图片参考《世界家具艺术史》）

京设计工作室京明系列座椅

【作品时间】2012 年 【作品作者】京设计工作室

该作品形制源自中国传统坐具和民间座椅，形态简约却显大气。采用中国传统大漆工艺进行涂饰，中国红更进一步彰显中国特色。（图片参考《家具与室内装饰》杂志）

拓璞公司的禅椅

【作品时间】2013 年 【作品作者】拓璞公司

该作品的设计师认为在当代紧张的生活节奏中，需要沉寂和自省的时间，故将传统禅椅重新设计，打破固有的形式，赋予其简约而大气的新形态。其功能既可用于打坐，加上软垫也可以在起居室当沙发使用。（图片参考《世界家具艺术史》）

伍炳亮设计新中式圈椅

【作品时间】1996 年 【作品作者】伍炳亮

该作品以明式圈椅为原型，通过打散和重构而获得新形态。将连续的靠背和扶手曲线切断，并通过高低错置、重叠以达到形式创新的目的。靠背圆形的云石装饰又再现了广式家具的风采。（图片参考广东台山伍炳亮黄花梨艺博馆藏品）

走向多元化的现代家具

第 十 一 节

自 20 世纪 60 年代开始，世界现代家具进入多元化时代，主要代表有 60 年代的波普艺术，70 年代的激进设计，80 年代的高技派风格和后现代主义等。

波普艺术即流行艺术，是在美国现代文明影响下产生的一种国际艺术运动。它表达了 20 世纪 60 年代工业设计追求形式上的异化与娱乐化的表现主义倾向，反映了战后成长起来的年青一代的社会与文化观，即生活就是嬉皮与酷，力求表现自我和追求标新立异的心理。

古怪的家具、迷你裙、流行音乐是波普艺术的主打产品，它以大众化的通俗趣味来反对现代主义自命不凡的清高。产品设计中强调新奇与独特，大胆采用艳俗的色彩。在设计理念上与功能主义背道而驰，追求个性化和反对标准化，并推荐"今天享受它明天扔掉它"的生活哲学。

　　20 世纪 70 年代意大利兴起激进设计，将现代主义的理性主义设计视为个性风格设计的障碍。"孟菲斯"的出现是意大利富有激情的民族特性使然。1976 年成立于米兰的"阿契米亚画廊"将激进主义向前推进了一大步。但真正设计产品并取得成功的是孟菲斯设计集团，其设计准则是浅薄、新奇、时髦、灿烂等。

　　高技派风格源于早年的机器美学，是以 20 世纪 50 年代以来的以电子工业为代表的高科技的迅速发展为背景。高技派风格在室内和家具设计中的主要特征就是直接利用那些为工厂、实验室生产的产品或原材料来构思产品，用以象征高度发达的工业技术。

　　后现代主义是旨在反抗现代主义纯而又纯的方针的一场设计运动。美国建筑师文丘里的《建筑的复杂性与矛盾性》一书堪称是反对国际主义风格和现代主义思想的宣言。他针对"少就是多"提出了"少就是乏味"的口号，鼓吹一种杂乱的、复杂的、含混的、折中的、象征主义的和历史主义的建筑。后现代主义把目光转向传统风格特别是古典主义，以简化、变形、夸张的手法，借鉴历史建筑的部件与装饰，如柱式、山花等，并将其与波普艺术的艳丽色彩和玩世不恭的手法结合起来处理设计作品。

　　20 世纪末，处于世纪之交的世界设计领域，在形式和风格上仍继续着多元化的格局，没有哪种风格能一统天下，理性和感性这两个对立的设计理念也开始逐步建立平衡。多种风格的并存，产品的个性化和情感化，关注环保、低碳和健康，家居一体化和产品智能化，新材料、新工艺的开发和利用都是新世纪家具设计的重要考量。

　　多元化的作品已在上述各国的现代家具设计中分别介绍，不再集中展示。

参考文献

[1] 许美琪 . 西方古典家具史论 [M]. 北京：清华大学出版社，2013.

[2] 许美琪 . 西方现代家具史论 [M]. 北京：清华大学出版社，2015.

[3] 方海 . 现代家具设计中的中国主义 [M]. 北京：中国建筑工业出版社，2007.

[4] 胡景初，方海，彭亮 . 世界现代家具发展史 [M]. 北京：中央编译出版社，2005.

[5] 黄虹，顾勇 . 西方设计史 [M]. 北京：北京大学出版社，2016.

[6] 董玉库 . 中西方家具集成 [M]. 天津：百花文艺出版社，2012.

[7] 李敏秀 . 中西家具文化比较 [M]. 长沙：湖南大学出版社，2008.

[8] 刘峯，等 . 海派艺术家具发展典籍 [M]. 上海：上海科学技术出版社，2017.

[9] 蔡易安 . 清代广式家具 [M]. 上海：上海书店出版社，2001.

[10] 张顺洪，郭子琳，等.世界历史极简本 [M]. 北京：中国社会科学出版社，2017.

[11] 于伸.木样年华：中国古代家具 [M]. 天津：百花文艺出版社，2006.

[12] 方海.20 世纪西方家具设计流变 [M]. 北京：中国建筑工业出版社，2001.

[13] 胡景初，李敏秀.家具设计辞典 [M]. 北京：中国林业出版社，2009.

[14] 西川荣明.图解经典名椅 [M]. 王靖惠，译.台北：东贩出版，2015.

[15] 聂非.中国古代家具鉴赏 [M]. 成都：四川大学出版社，2000.

[16] 董伯信.中国古代家具综览 [M]. 合肥：安徽科学技术出版社，2004.

[17] 李宗山.中国家具史图说 [M]. 武汉：湖北美术出版社，2001.

[18] 胡德生.明清家具鉴赏 [M]. 太原：山西教育出版社，2006.

[19] 马未都.坐具的文明 [M]. 北京：紫禁城出版社，2009.

[20] 马未都.马未都说收藏·家具篇 [M]. 北京：中华书局，2008.

[21] 杨泓.古物的声音 [M]. 北京：商务印书馆，2018.

[22] 史全生.中华民国文化 [M]. 南京：南京出版社，2005.

[23] 大成.民国家具价值典汇 [M]. 北京：紫禁城出版社，2007.

[24] 杨之水.明式家具之前 [M]. 上海：上海书店出版社，2011.

[25] 翁同文.中国坐椅习俗 [M]. 北京：海豚出版社，2011.

[26] 织田惠嗣.名椅大师丹麦设计 [M]. 丁雍，高詹燦，谢承翰，译.台北：典藏艺术公司，2014.

[27] 李维立.百年工业设计 [M]. 北京：中国纺织工业出版社，2017.

[28] 王受之.世界现代设计史 [M]. 深圳：新世纪出版社，2001.

[29] 露西・沃斯利.如果房子会说话 [M]. 林使宏，译.北京：中信出版社，2015.

[30] 日青.如果家具会说话 [M]. 北京：商务印书馆，2013.

[31] 王建柱.西洋家具的发展 [M]. 台北：大陆书店，1972.

[32] 耿晓杰，张帆.百年家具经典 [M]. 北京：中国水利水电出版社，2006.

[33] 张加勉.国粹图典・家具 [M]. 北京：中国画报出版社，2016.

[34] 威托德・黎辛斯基.金屋、银屋、茅草屋 [M]. 谭天，译.天津：天津大学出版，2007.

[35] 刘显波，等.唐代家具研究 [M]，北京：人民出版社，2016.

[36] 何通宝.中国传统家具图史 [M]. 北京：北京联合出版公司，2019.

[37] 方海，景楠.艺术与家具 [M]. 北京：中国电力出版社，2018.

[38] 董玉库，彭亮.世界家具艺术史 [M]. 天津：百花文艺出版社，2018.

[39] 聂菲，张曦.良工匠艺・中国古代家具沿革考述 [M]. 天津：百花文艺出版社，2016.